La philosophie de la matière chez Lavoisier

Hélène Metzger

Paris, 1935

EXPOSÉS D'HISTOIRE ET PHILOSOPHIE DES SCIENCES

Publiés sous la direction de

Abel REY

Professeur à la Sorbonne

Directeur de l'Institut d'histoire des Sciences et des Techniques de l'Université de Paris

II

LA PHILOSOPHIE de la MATIÈRE CHEZ LAVOISIER

PAR

Hélène METZGER

Membre de l'Académie internationale d'Histoire des Sciences.

PARIS

HERMANN ET Cie, ÉDITEURS

6, Rue de la Sorbonne, 6

1935

AVANT-PROPOS

I

L ES pages suivantes ont pour origine les conférences données par Madame Hélène METZGER à l'Institut d'Histoire des Sciences et des Techniques, pendant l'année scolaire 1932-33.

Leur esprit comme en témoigne le titre choisi, est entièrement conforme au dessein que se propose l'Institut. En dégageant en effet les idées philosophiques que la science implique, il en éclaire la marche ; les recherches que résume ici Madame METZGER contribuent dans la plus large mesure à l'interprétation et à l'explication de plus en plus approfondie des idées scientifiques et de leur évolution.

II

L'Institut d'Histoire des Sciences et des Techniques de l'Université de Paris.

L'histoire des sciences n'était pas encore représentée, de façon suivie, dans l'enseignement universitaire français, malgré les appels réitérés des congrès historiques, philosophiques et scientifiques, malgré le rôle considérable que la France a joué dans cette discipline, depuis la fondation des Académies et le mouvement philosophique du XVIIIe siècle.

Cette lacune vient d'être comblée à l'Université de Paris par l'organisation de l'Institut d'Histoire des Sciences et des Techniques. L'importance du travail auquel il va s'efforcer n'est pas contestable.

L'histoire des sciences n'est pas simple œuvre d'érudition. Elle présente, comme l'ont si bien vu, chez nous, les Encyclopédistes, puis Auguste Comte, Ampère, Cournot, Duhem et Paul Tannery, un élément capital de l'histoire de la civilisation ; non seulement de la civilisation matérielle (si importante que chaque âge de l'humanité peut se différencier par les caractères de ses techniques) ; non seulement de la civilisation intellectuelle, qui se confond avec le savoir, mais encore de la civilisation spirituelle, par les idées, la pensée que la science diffuse à tous les niveaux et qui donnent à l'homme la représentation générale du monde latente sous tant de ses attitudes. D'autre part l'histoire des sciences permet de comprendre plus pleinement la science, en particulier la science contemporaine ; car, seule, elle permet de « faire le point ». Tâche qui, par les vues d'ensemble qu'elle implique sur la *courbe des connaissances humaines et sur leur état actuel, apporte un des remèdes les plus efficaces contre les étroitesses d'une indispensable spécialisation. L'histoire des sciences ne doit-elle pas nécessairement dégager leur philosophie ?*

Autant de raisons qui font souhaiter que le succès de la première année, pendant laquelle a fonctionné l'Institut, se continue et s'amplifie par les services, si modestes soient-ils, qu'il peut rendre à l'histoire, à la philosophie, à « l'humanisme » impliqué par les sciences positives.

DISCOURS PRÉLIMINAIRE

Nous tenterons dans les pages suivantes de mettre en pleine lumière les soubassements souvent inaperçus de la philosophie de la matière que Lavoisier, parvenu à la pleine possession de son autorité, de sa doctrine et de sa gloire, proposa aux jeunes chimistes se proclamant ses disciples. Pour connaître les ressorts profonds de la marche de la pensée du grand homme, nous n'allons pas nous adresser aux polémiques prolongées par lesquelles il réussit à terrasser la célèbre doctrine du phlogistique, doctrine qui en

1770 n'avait plus de commun que le nom avec celle que le génie de Stahl inventa un demi siècle auparavant, mais qui semblait alors assurée et pour ainsi dire officielle. Si nous nous décidons à négliger systématiquement l'activité expérimentale et combative que Lavoisier exerça si brillamment au cours de cette controverse mémorable, ce n'est pas que nous en contestions l'importance primordiale universellement reconnue ; mais, pour le but que nous nous proposons, il serait peu utile de nous faire le spectateur amusé des nombreux arguments alors échangés, de marquer les coups en suivant pour ainsi dire de l'extérieur et du point de vue du public la destruction du phlogistique. Quand Lavoisier écrit ce que l'on pourrait appeler ses mémoires de combat, il se fait l'avocat de ses propres doctrines, en même temps qu'il veut ruiner dans le jugement de ses lecteurs le prestige des doctrines rivales ; en lutteur acharné et qui appelle la victoire, il ne se lasse pas d'accumuler démonstrations irréprochables, raisonnements convaincants et expériences décisives ; avec un coup d'œil très sûr, il porte son effort sur les points faibles des théories adverses, il enlève rapidement leurs lignes de moindre résistance, et bientôt les systèmes attaqués, aussi bien construits qu'ils soient, tombent en ruines ; mais jusqu'à son triomphe éclatant, Lavoisier reste obstinément et vaillamment sur le champ de bataille, sans songer que ses partisans et adversaires pourraient vouloir deviner le secret motif de son effort ou si l'on préfère, l'orientation de sa mentalité.

Une fois la victoire obtenue, Lavoisier s'offrit à lui-même, en même temps qu'il l'offrit aux autres, la contemplation de son système de chimie qui calquait la pensée sur les faits expérimentaux, de telle manière qu'il fût impossible de savoir si les faits sont l'illustration de la théorie, ou la théorie une simple description des faits ; l'ouvrage qu'il publia en 1789 et qui malgré les circonstances troublées de l'époque révolutionnaire eut néanmoins grand succès, n'est ni savant ni difficile d'accès ; il ne contient pas un ensemble imposant de découvertes formant un nouveau chapitre de la science inaccessible au profane ; c'est un simple *Traité élémentaire de Chimie* qui s'adresse à tout le monde, aux curieux, aux débutants, aux étudiants comme aux savants, et qui fixa pour longtemps les premières notions indispensables à connaître pour le chimiste, professionnel ou amateur.

Nous n'allons pas comparer ce *Traité élémentaire de Chimie* avec un des ouvrages similaires parus dans le demi-siècle précédent signés même des noms alors célèbres de Juncker, Boerhaave, Shaw, Macquer, Beaumé, etc. Nous n'allons pas non plus insister sur ce qu'il y avait de nouveau, de révolutionnaire et de fécond dans la méthode de Lavoisier ; un tel examen a été fait bien souvent et il est toujours instructif de le reprendre ; toutefois, pour le reprendre fructueusement il nous paraît essentiel d'avoir une fois abordé Lavoisier en se faisant l'âme d'un disciple de ce maître.

Avant d'entrer en matière, il nous faut prévenir et réfuter d'avance quelques objections concernant notre méthode de travail ; en premier lieu, on pourra nous reprocher, d'avoir tenté de comprendre Lavoisier à travers une œuvre qui consacre sa victoire, bien plutôt qu'à travers les efforts qu'il a tentés pour parvenir à construire son système ; notre réponse sera simple. La pensée de Lavoisier reste immuable et identique à elle-même à travers le déroulement de ses travaux et quelles que soient les circonstances où elle s'est exprimée ; sans doute, son expression a-t-elle été rectifiée, consolidée, perfectionnée à la suite d'un travail intense et prolongé, mais il est impossible de découvrir un changement ou une évolution dans ses affirmations essentielles ; la doctrine de la maturité est la même que celle de la jeunesse ; elle est devenue plus facilement saisissable ainsi qu'une comparaison entre les travaux de différentes époques l'établit sans conteste.

Cependant l'on pourrait nous objecter encore que la doctrine du *Traité élémentaire de Chimie* apparaît infiniment moins moderne que les fragments de cette doctrine distribués dans les mémoires ou dans divers opuscules. — Et cette objection ne serait pas totalement dénuée de fondement. N'oublions pas, pourtant que si les mémoires rendent parfois un son si actuel, cela tient peut-être à ce que nous orientons notre attention pour qu'il en soit ainsi, et qu'alors nous ne recherchons que cela seul qui fut révolutionnaire chez Lavoisier. Mais comme les mémoires ne contiennent pas l'exposé total de la chimie, —

qu'ils portent presque toujours sur ce que M. Brunschvicg a appelé « vertu mathématique de la balance », vertu qui ne fut pas découverte par Lavoisier mais exploitée par lui avec une sûreté et une maîtrise qui permettent d'affirmer que son œuvre réalisa une étape importante des progrès de la conscience expérimentale, — ces mémoires ne nous livrent pas entièrement la pensée active de leur auteur, ou si l'on veut cette pensée ne s'y dégage pas dans tout son relief. Et nous voudrions ici rendre a la méthode suivie par Lavoisier sa pureté originelle.

Enfin pour que l'on ne nous reproche pas de simplifier à l'extrême la méthode de Lavoisier, ou que l'on ne reproche pas à la méthode de Lavoisier de n'avoir été « que cela », nous devons insister sur le fait important que Lavoisier tint expérience et théorie dans un contact permanent, diminuant, tentant de réduire à néant (comme l'aurait voulu Condillac) toute représentation imaginative ou aventurée. Dans ce court opuscule, nous ne parlons ni de l'expérience, ni de l'organisation des expériences, ni d'une manière générale de l'orientation des recherches expérimentales, préoccupations pourtant constantes de Lavoisier.

Nous devons seulement ajouter qu'en maintenant constamment la théorie sur le plan expérimental, sans se livrer pour son propre compte à une analyse logique du contenu de cette théorie, Lavoisier se servit indifféremment de tous les procédés à sa disposition afin de pénétrer le réel mieux qu'on ne faisait avant lui ; si donc métaphysiquement ou logiquement parlent, les thèmes qui furent les instruments de son travail paraissent inconsistants et divers, c'est que Lavoisier ne tente pas un système du monde véritable, qu'il ne met pas l'accent sur l'absolue cohérence d'une doctrine qu'il sait imparfaite et qu'il aspire à perfectionner ; il ne porte pas son regard clair sur la structure, soit de sa pensée, soit de la matière, mais sur une chimie qui se fait et qui est en perpétuel progrès.

Quoi que nous ne trahissions pas le grand homme en mettant en lumière les postulats qui sont à la base de son effort, nous répétons encore une fois que nous n'étudions pas la le dynamisme complet de son travail ; mais même fragmentaire et volontairement fragmentaire, nous ne croyons pas que notre modeste tentative soit inutile ; rien de ce qui touche Lavoisier ne saurait en effet être indifférent à l'histoire de la chimie, ou à la théorie de la connaissance scientifique.

Bien que nous ne tirions aucune conclusion dépassant l'objet strict de notre étude, il se pourrait et cela est notre plus cher désir qu'elle rende service aussi bien au curieux, qu'au psychologue et à l'épistémologue qui abordent des problèmes dans lesquels pour notre part nous ne voulons pas pénétrer.

30 Septembre 1934.

INTRODUCTION

Le discours préliminaire qui ouvre le *Traité élémentaire de Chimie présenté dans un ordre nouveau et d'après les découvertes modernes* est un manifeste révolutionnaire qui attire et retient constamment la pensée du lecteur ; Lavoisier déclare tout d'abord n'avoir eu d'autre but que de donner plus de développement à son mémoire de 1787 *sur la nécessité de réformer et de perfectionner la nomenclature de la chimie.* Mais, ajoute-t-il bientôt, « tandis que je croyais ne m'occuper que de nomenclature, tandis que je n'avais pour objet que de perfectionner le langage de la chimie, mon ouvrage s'est transformé insensiblement sans qu'il m'ait été possible de m'en défendre en un traité élémentaire de chimie ».

Un tel élargissement de problèmes apparemment purement techniques, qui aurait pu surprendre autrefois, est la conséquence directe des principes posés par Condillac dans la logique et dans ses autres écrits ; puisque nous ne pensons qu'avec le secours des mots, que les langues sont de véritables méthodes analytiques, que l'art de raisonner se réduit à une langue bien faite, quoi d'étonnant à ce que le renouvellement de la nomenclature chimique proposé d'abord par Guyton de Morveau puis résolu par la haute autorité de Lavoisier, quoi d'étonnant dis-je, à ce que ce renouvellement que l'on aurait pu croire anodin, devienne entre les mains de chercheurs de grande valeur, l'instrument d'un renouvellement ou si l'on préfère d'une rénovation de la science.

Ajoutons immédiatement que Lavoisier — qui trouvait l'histoire inintéressante et fastidieuse, qui ne s'intéressa à l'historique des découvertes concernant les corps gazeux que pour fixer la gloire des grands hommes et résoudre devant la postérité quelques irritants problèmes de priorité, qui d'ailleurs fut très sobre de citations et de mentions élogieuses concernant ses prédécesseurs et contemporains, — Lavoisier n'hésita pas à rendre un hommage public à Condillac pour lequel il professait une grande admiration, et sous le patronage duquel il plaça résolument la « révolution chimique » elle-même.

N'est-ce pas Condillac qui nous a appris à nous défier des hypothèses séduisantes et élégantes résultant de notre imagination ou encore de notre impatience, mais sans liens directs avec la réalité des choses ? Et comment des concepts vagues, imprécis ou mal délimités pourraient-ils engendrer autre chose que des erreurs ou des préjugés… N'est-ce pas Condillac qui, par un examen de conscience sévère et par un héroïque recommencement, nous a guéris des équivoques, et des maux que cet état de choses avait engendrés en chimie ? « Quand les choses en sont parvenues à ce point, écrivit ce grand philosophe, quand les erreurs se sont ainsi accumulées, il n'y a qu'un moyen de remettre l'ordre dans la faculté de penser ; c'est d'oublier tout ce que nous avons appris, de reprendre nos idées à leur origine, d'en suivre la génération et de refaire comme dit Bacon l'entendement humain. »

Cette volonté énergique et constamment en éveil, de jeter désormais un regard frais et jeune sur le monde matériel exploré par la chimie, devait aboutir à une philosophie toute nouvelle de la science et de la matière, en même temps qu'à une modification permanente de l'orientation mentale du savant... Sans nous soucier davantage du travail de nos prédécesseurs et de nos aînés, sans nous soucier même de l'autorité des maîtres, nous allons faire effort pour tenir en contact permanent l'expérience, l'observation précise faite à l'aide d'instruments de mesure, et la systématisation théorique. Entre les faits constatés soigneusement au laboratoire et le langage théorique qui sera un décalque de ces faits, il n'y aura place pour aucun raisonnement abstrait, pour aucun jeu de métaphysique ou de physique hypothétique ; du moins toute anticipation, toute supposition faite par le chimiste sera immédiatement mise à l'épreuve de la vérification ; les constatations sensibles devront répondre d'une manière nette et directe à l'interrogation posée par l'expérimentateur.

La doctrine chimique de Lavoisier se proposera de dessiner avec une exactitude scrupuleuse la surface apparente des phénomènes matériels que l'homme arrive à connaître ; elle ne voudra pas faire moins que cela et refusera de se contenter d'à peu près superficiellement observés ; elle exigera de longues recherches, des instruments fort coûteux et ayant atteint leur plus haut degré de précision ; elle ne voudra pas non plus faire plus que cela, ne sortira jamais du domaine qu'elle s'est proposé d'explorer ; elle se refusera jalousement à toute spéculation dépassant son objet propre, dédaignera les hypothèses émises par les philosophes grecs ou autres respectés anciens « avant qu'on eût les premières notions de la physique expérimentale et de la chimie », et ne posera pas d'autres questions que celles qui dérivent de son propre développement. Tel est du moins le programme que la chimie doit tenter de remplir si elle veut continuer ses progrès.

Dans la nouvelle chimie tous les problèmes sont solidaires et doivent être abordés en bloc ; la théorie et la nomenclature ne se réservent désormais aucun plan transcendant sur lequel le maître doit péniblement hisser l'étudiant avant de lui montrer les réactions matérielles, objet final de la science… Le débutant doit immédiatement entrer au laboratoire car doctrine et expérience sont situées au même niveau ; Lavoisier s'est fait une loi « de ne procéder jamais que du connu à l'inconnu, de ne déduire aucune conséquence qui ne dérive immédiatement des expériences et des observations, et d'enchaîner les faits et les vérités chimiques dans l'ordre le plus propre à en faciliter l'intelligence »…

Dans quelle mesure put-il remplir cet ambitieux et peut-être en toute rigueur chimérique programme ? Déclarons nettement après un sérieux examen que le « connu » dont il part n'est ni un ensemble de postulats métaphysiques posés *a priori* pour l'éternité et dont les conséquences se déroulent ou se déduisent dans l'esprit du chimiste suivant une nécessité implacable et paisible ; ni le monde usuel du sens commun avec ses intuitions vagues, ses jugements peu élaborés, ses décrets arbitraires et difficilement conciliables. Bien que le traité élémentaire de chimie soit fort clair et accessible sans trop d'effort, Lavoisier nous invite à explorer ce que l'on pourrait appeler une « zone intermédiaire », à nous y attarder même car c'est dans cette zone intermédiaire où la logique et l'expérience, la déduction et l'induction se réunissent, se confrontant, et se combinent de diverses façons que s'élabore tout le travail qui nous mènera à la conquête des corps et des réactions que la chimie étudie.[1] Mais si le travail fécond résulte du contact de l'esprit actif et des faits provoqués partiellement par la spontanéité des recherches, il doit en résulter que le vieil idéal scolastique d'une pédagogie parfaite qui veut distribuer hiérarchiquement et à leur heure les thèmes principaux concernant la philosophie de la matière ne pourra être appliqué. Les thèmes qui se renouvellent et se heurtent continuellement les uns aux autres, Lavoisier les a constamment utilisés et jamais isolés. Nous les exposerons dans un ordre factice et nous ne nous excuserons pas de cela, car si nous agissions autrement nous fausserions la doctrine dont nous nous sommes proposé de faire une anatomie exacte.

LE PROBLÈME DE L'ÉLÉMENT

Pour montrer l'enchevêtrement des divers procédés de pensée et d'expérience, abordons immédiatement le problème des éléments. À quoi sont dues les variétés apparentes ou réelles présentées par la matière ? La matière est-elle formée d'une étoile unique ? Ou bien au contraire, peut-on parler d'éléments, de principes premiers, de corps simples qui par leurs mixtions diverses formeraient les corps usuels que nous connaissons et qui sont le point de départ des travaux de laboratoire… Ces questions qui depuis la plus haute antiquité avaient été l'objet des méditations des philosophes et des chimistes, Lavoisier les rencontre à son tour ; il observe tout de suite que les éléments d'Aristote comme ceux de la Renaissance ont été imaginés avant l'existence même de la science expérimentale ; ces sortes d'éléments ne subsistent dans les préfaces des ouvrages contemporains de chimie que par suite d'un anachronisme dû à la survivance de traditions respectées dont le prestige effectif est entièrement périmé ; ayons le courage de les abandonner une fois pour toutes afin de mieux prendre conscience de la réalité ; comme la méthode cartésienne dont elle est partiellement la continuatrice, la méthode Condillacienne exige donc une complète révision des valeurs scientifiques ; en chassant les éléments d'autrefois auxquels personne ne croyait plus Lavoisier ne fit aucune découverte remarquable ou sensationnelle ; il accomplit simplement ainsi, par hygiène morale pourrait-on dire, un acte de déblayage qui permit de mettre les nouvelles doctrines en pleine valeur.

Cependant, entre l'ancienne conception de l'analyse qui voulait résoudre les corps en leurs principes constituants — chacun de ces principes imposant au mixte dans lequel il entrait les qualités dont il est porteur — et la conception moderne de la décomposition qui veut extraire des corps complexes les divers ingrédients qui en se combinant à nouveau formeraient le corps primitif, il y a disparate très nette ; avec une remarquable pénétration, Chevreul a fait observer que jusqu'à l'œuvre de Lavoisier, cette opération toute logique et grammaticale n'était qu'une *analyse mentale*, une résolution en notions. La véritable *analyse chimique* ou séparation pratique des éléments indécomposables qui par leur combinaison formaient le corps primitif est tout autre chose. Est-ce à dire que les deux méthodes que le théoricien juge incompatibles, soient en effet réellement opposées, que l'*analyse mentale* éliminée en apparence par Lavoisier n'ait tenu chez lui aucune place, qu'elle n'ait pas subrepticement et partiellement dirigé sa philosophie de la matière ? C'est ce que nous examinerons plus loin.

Lié pratiquement ou théoriquement au problème de la composition chimique des corps se place le problème de la structure métaphysique ou mécanique de la matière ; les chimistes, on le sait ont joué un rôle important dans le renouvellement des théories atomiques, et l'un d'entre-eux

Robert Boyle eut la gloire d'inventer le terme « philosophie corpusculaire » ; dès lors, la méditation du savant peut appliquer le concept d'élément soit à telle substance indécomposable en général (*le* soufre pour fixer les idées), soit à une quantité quelconque et indéterminé de cette substance (*du* soufre), soit à la plus petite particule (*un* atome de soufre) dont l'existence et le rôle sont posés aussi bien par la philosophie corpusculaire que par le système du monde newtonien alors agréé par tous. Certes, on peut avec Lavoisier rejeter vigoureusement avec une sagesse apparente ces problèmes indéterminée[2]. Est-ce à dire que l'ontologie et l'*a priori* mis à la porte du laboratoire et de la théorie chimique se résignent à quitter les lieux ? Peut-être et à l'insu du savant se réfugient-ils dans un coin caché de son intelligence pour agir avec discrétion sans doute mais continuellement sur son travail. C'est encore une question que nous aurons à résoudre.

ANALYSE MENTALE ET ANALYSE CHIMIQUE

Entre le monde des idées claires et limpides d'une préface ou d'un manifeste devant agir sur l'opinion, et le monde du sens commun que le lecteur ignorant n'a pas encore abandonné, se place la zône intermédiaire un peu trouble et agitée, où la pensée au travail élabore effectivement la science qui se fait. Et certes le savant qui veut construire une théorie aspire de toutes les forces de son être à une clarté sans aucune ombre, à une limpidité totale ; mais aussi, il le remarquerait s'il pouvait méditer sur sa propre mentalité en même temps qu'il porte sa réflexion sur la science en formation, clarté et limpidité ne sont pas offertes à lui par un don gracieux de la nature ; il doit les conquérir par un labeur continu et efficace.

Il nous faut maintenant pénétrer dans la pensée chimique à l'état naissant, y saisir les divers thèmes permettant à Lavoisier de dire : tel corps est complexe ; il résulte de la combinaison de tels corps dits simples. Tels corps simples en se combinant produisent tel corps complexe.

Rappelons que la philosophie de Condillac considérait l'analyse exacte et correcte comme le principal instrument des progrès de la pensée et de la science ; constatons maintenant sans étonnement que l'analyse chimique scrupuleusement complète et précise, ne laissant échapper la plus petite quantité de matière et poursuivant son travail aussi loin que ses procédés en perfectionnement continue lui permettent d'aller, est le principal instrument à la fois expérimental et théorique de Lavoisier. Laissons-lui donc la parole.

« La chimie, en soumettant à des expériences les différents corps de la nature a pour objet de les décomposer et de se mettre en état *d'examiner séparément les différentes substances qui entrent dans leur combinaison.*

Les découvertes modernes ont encore reculé de plusieurs degrés les bornes de l'analyse. La chimie marche donc vers son but et vers sa perfection en divisant, subdivisant, et resubdivisant encore, et nous ignorons que] sera le terme de ses succès. Nous ne pouvons donc pas assurer que ce que nous regardons comme simple aujourd'hui le soit en effet : tout ce que nous pouvons dire, c'est que telle substance est le terme actuel auquel arrive l'analyse chimique, et qu'elle ne peut plus se subdiviser au delà, dans l'état actuel de nos connaissances »[3].

Ces déclarations d'une netteté et d'une précision qui ne laissent rien à désirer satisfont pleinement la pensée contemplative et critique ; le chimiste moderne qui avec Lavoisier répudie[4] les exigences *a priori* et actuellement injustifiées des anciennes métaphysiques pesant encore sur la science, croit avoir trouvé enfin un critère de vérité ; et certes, c'est une grande chose d'avoir pris conscience de la différence entre l'élément *a priori* résultant d'une analyse mentale et du corps indécomposable isolé au laboratoire par un chimiste scrupuleux, capable de fixer la limite du savoir et de l'ignorance.

Pour fixer à coup sur cette limite du savoir et de l'ignorance pour assurer indubitablement que telle substance a été effectivement décomposée, que les corps tangibles et isolés qui résultent de cette décomposition étaient contenus et seuls contenus dans la substance primitive, il faut que l'expérience de laboratoire soit irréprochable de tous points, que ses résultats soient constants et ne prêtent pas à discussion ; sans quoi un concept précis aussi bien délimité que l'on voudra serait stérile et inutilisable. Or, il a été observé bien des fois que la définition du corps simple de Lavoisier n'était pas rigoureusement nouvelle ; on a cité avec un certain étonnement des phrases de maints chimistes d'antan qui s'exprimaient comme lui tout en ne pensant pas comme lui, mais qui affirmaient tout de même que leurs éléments ou principes premiers, définis il est vrai a priori n'ont droit au nom d'éléments ou de principes que parce qu'ils résistent victorieusement à toute tentative nouvelle de décomposition[5] ; chez ces chercheurs la notion de corps simple resta purement métaphysique ou mentale et ne contribua pas à perfectionner la connaissance des réactions matérielles. On a cité d'autre part les déclarations de certains chimistes qui avec Boyle, ou Hartsoeker insistèrent sur le fait bien connu que l'analyse pratique est impuissante à séparer les ingrédients que l'analyse théorique affirme être contenus en bien des corps ; l'or pour ne citer qu'un exemple est inaltérable, et malgré les assauts de tous les réactifs reste constamment de l'or. Mais peut-être sommes-nous tentés d'attacher trop d'importance à des pressentiments épisodiques, que nous pouvons admirer parce que nous connaissons la science d'aujourd'hui, mais qui n'eurent pas grande influence sur le développement de la science de leur temps. Les historiens ont une fâcheuse tendance à créer des précurseurs aux grands hommes, non pas certes *ex nihilo* mais avec des phrases, des fragments de systématisation, des essais assez vagues dus à leurs prédécesseurs lointains et que l'on peut sans trop de difficulté accorder avec les trouvailles de ces dits grands hommes.

Sans nous livrer à cette tendance, constatons que les chimistes d'autrefois qui analysaient *mentalement* les corps *chimiquement* indécomposables savaient bien avant Lavoisier que la pensée théorique et l'expérience de laboratoire aboutissent le plus souvent à des conclusions hétérogènes et disparates[6].

Enfin le corps simple existe-t-il ? On a pu en douter et durant tout le XVIIIe siècle ceux qui narguaient la chimie l'ont demandé avec complaisance, car enfin il faut savoir si l'analyse chimique permet véritablement de découvrir les ingrédiens contenus dans les corps mixtes. En d'autres termes en modifiant la texture de la matière l'analyse crée-t-elle artificieusement de nouvelles substances ? À cette question les disciples de Van Helmont, de Boyle de Descartes étaient tentés de répondre « oui », car pour eux, une seule matière, eau, substance étendue, ou corpuscules, existe véritablement ; les spécifications des diverses substances étant dues à des modifications de cette matière unique, soit par des ferments spirituels, soit par des mouvements tourbillonnaires, soit par des groupements d'atomes, donnant par leurs variétés sans nombre tous les corps que la chimie rencontre en ce monde.

Robert Boyle visant, il est vrai les éléments des péripatéticiens ou des paracelsistes a posé dans le *chimiste sceptique* le problème de l'existence des corps simples.

« Une considération sur laquelle je désire attirer l'attention écrit-il est celle-ci : qu'il n'est pas sûr ainsi que les chimistes et les péripatéticiens l'ont avancé que chaque substance homogène ou distincte séparée d'un corps à l'aide du feu préexistait dans ce corps comme principe ou élément. »[Z] Y a-t-il eu décomposition ou transformation ? Dans ce dernier cas, il se pourrait que les divisions provoquées par les réactifs violents soient très différentes de celles obtenues par le feu : combustions ou distillations, acides ou autres corrosifs donnant par leur violence naissance à des produits sans aucun rapport les uns avec les autres ou avec la substance décomposée. Boyle ne résout pas l'interrogation extrêmement grave qu'il a posée ; constatons que si toutes les expériences nous contraignaient à répondre que le corps simple n'est qu'un mythe, la chimie aurait été sans instrument efficace pour rendre compte d'une manière satisfaisante des réactions matérielles ; et certes, il en a été longtemps ainsi ; tant que l'analyse chimique qui portait autrefois presque uniquement sur les plantes et autres corps organiques s'arrêta aux produits mal délimités : huiles, graisses eaux de vie, résidus de distillations, phlegmes ou eau chargée de corps dissous, etc., elle ne put obtenir de succès éclatant. Mais bientôt elle se consacra à l'étude des substances minérales et elle fit sur le champ des progrès immenses ; il n'a pas suffi de vouloir analyser, il a fallu savoir quoi analyser et comment l'analyser ; vers le troisième quart du XVIIIe siècle la chimie réussit selon l'expression de Fourcroy[8] à éliminer l'analyse *fausse ou compliquée* pour se consacrer entièrement à l'analyse *vraie ou simple*. Lavoisier n'eut jamais à désespérer ou à douter de la puissance des procédés de la chimie ; ces procédés bien appliqués avaient déjà fourni leurs preuves ; il ne restait plus qu'à les utiliser au mieux et à les amener si possible à un plus haut degré de perfection.

La dissertation précédente ne nous a éloigné un instant de notre sujet d'études que pour projeter sur lui une lumière pénétrante ; rappelons-nous constamment qu'à l'époque où Lavoisier entreprit ses travaux la possibilité d'analyses tentées de diverses manières et donnant des résultats constants lorsqu'elles sont effectuées sur des substances inorganiques (et même sur certaines substances organiques) bien définies n'était plus niée par personne ; tout le monde croyait que les corps complexes que l'analyse chimique avait pu scinder en substances plus simples étaient dus effectivement à la combinaison de ces substances simples, et personne ne s'avisait d'insister sur une notion péniblement acquise, mais qui la coutume aidant finit par aller de soi.

D'autre part l'art du chimiste, par des artifices admirables sur lesquels nous ne devons pas nous étendre était enfin parvenu à capter les vapeurs les plus subtiles, les airs ou gaz qui parfois dévoilaient leur présence par une couleur ou une odeur mais qui jusqu'alors se perdaient pour la science en se dissipant dans l'atmosphère. Dès lors, aucune parcelle de matière, mise en jeu par les réactions matérielles ne put échapper à la perspicacité du savant. De ce fait nouveau dont personne avant Lavoisier n'avait deviné l'importance prépondérante, le grand homme déduisit la valeur scientifique de la pesée.

Nous sommes obligé d'ouvrir ici une parenthèse, pour tenter de préciser quel fut le rôle de Lavoisier dans ce qu'on appelle improprement sa découverte de la conservation de la matière. Ce problème fut l'objet des méditations du regretté Émile Meyerson dans un des chapitres les plus suggestifs de son beau livre *Identité et réalité*. — Répétons d'abord avec lui que l'identification de la *quantité de matière* et de son poids mesuré à la balance est une notion de sens commun dont Lucien dans l'antiquité, Nicolas de Cusa, Van Belmont, Boyle, Lemery et bien d'autres dans les temps modernes, Black à l'époque contemporaine avaient fait accidentellement et judicieusement bon usage. Ajoutons, toujours en suivant Émile Meyerson, que cette notion de sens commun avait parfois été troublée chez les savants et philosophes par des spéculations concernant l'astronomie ou le système cosmologique, par la confusion spontanée au cours de longs développements entre la *pesanteur spécifique* et la *pesanteur absolue*, par la confusion sans cesse renaissante aussi entre ce que les physiciens ont appelé le *poids* et la *masse*, enfin par certaines théories vitalistes qui attribuaient à l'âme (des animaux et des métaux) un principe de légèreté.

Mais ces difficultés, il faut bien le remarquer, n'existaient que dans les pensées compliquées ou les doctrines élaborées. Or il est un fait que l'on doit sans cesse rappeler, c'est que sur le problème qui nous occupe comme sur bien d'autres, le système du monde newtonien a renforcé, justifié et réhabilité les données immédiates du sens commun.

À la fin du XVIIIe siècle, tous les chimistes, quand ils usaient de la balance pour des vérifications quantitatives, admettaient avec Lavoisier que la matière conserve sa masse, quelles que soient les réactions chimiques qui modifient son aspect et ses propriétés.

La pesée (ou si l'on veut parler avec précision une série de pesées) a une valeur théorique énorme parce qu'elle révèle un invariant ; la constance de la quantité de matière dans un milieu limité et isolé limite dans bien des cas la possibilité d'hypothèses, élimine un grand nombre de suppositions erronées. Contrairement à ce que l'on supposait autrefois, Lavoisier découvrit en 1772 que le soufre et le phosphore augmentent de poids lorsqu'ils brûlent. Les métaux, on le savait depuis longtemps augmentent de poids lorsqu'on les calcine, et la calcination des métaux est une combustion ; l'on savait avant Lavoisier, et le P. Beraud eut la gloire de soutenir cette thèse, que la dite augmentation de poids est due a l'adjonction d'air dans la substance du métal... Pourtant l'on savait aussi, et c'est une donnée immédiate du sens commun que tout corps brûlé perd la propriété d'être combustible, perd donc concluait-on spontanément la substance ou l'élément porteur de cette propriété. Lors donc qu'un métal se calcine il laisse bien échapper ce principe *phlogistique* ou combustible, mais la diminution de poids qui en résulte est masquée parce que l'air absorbé pèse beaucoup plus que le phlogistique évaporé. Jusqu'à Lavoisier, la calcination des métaux fut assimilée à un phénomène de substitution qui remplace le phlogistique par de l'air ; mais l'acte essentiel de brûler était une décomposition.

Or serait-ce cette augmentation de poids, cette absorption d'air qui serait la vraie caractéristique de la combustion ? Pour le soufre, comme pour le phosphore, comme pour bien d'autres corps, l'augmentation de poids et l'absorption d'air sont amplement vérifiées. Lavoisier n'hésite pas à tirer toutes les conséquences de ces constatations. Dès lors, la combustibilité qui pour les anciens chimistes et le sens commun résidait essentiellement dans le corps combustible se trouve rejetée hors de ce corps, dans l'air comburant environnant. Et cette prétendue évidence de sens commun est attaquée, démontrée erronée par une autre évidence du sens commun, support, il est important de le remarquer, de la physique générale aussi bien que des rapports les plus usuels et les plus journaliers entre commerçants et clients. Je sais bien que l'histoire de cette lutte entre deux évidences de sens commun fut effectivement plus compliquée et moins claire que ne l'indique le schéma ci-dessus ; je n'ignore pas que certains chimistes, notamment plusieurs membres de l'académie de Dijon voyant que deux affirmations de sens commun se révélaient tout à coup incompatibles, et ne pouvaient donc être vraies à la fois, ont voulu sacrifier la constance de la masse mesurée à la balance en attribuant au phlogistique un principe de légèreté qui lui aurait permis de *diminuer* le poids de la substance à laquelle il *s'ajoute*. Cependant si je n'insiste pas, c'est que à mon avis, l'importance historique du *poids négatif* du phlogistique a été démesurément agrandie par les historiens de la chimie ; car au nom de la raison universelle aussi bien que du Newtonianisme bien compris, le phlogistique source de *légèreté* a été repoussé avec indignation par des auteurs dont la postérité à juste raison n'a pas retenu le nom, attendu que au cours de leur polémique judicieuse ils n'ont rien ajouté à la science qui se fait.

Lavoisier, (je n'ai pas à insister là-dessus dans cet opuscule) a donc utilisé la *constance de la masse* comme un argument polémique sûr et efficace, qui prenait l'opinion d'adversaires en flagrant délit d'illogisme et de contradiction. Rien de plus, rien de moins ; il n'a jamais pensé l'avoir *découverte* ; elle devint entre ses mains une arme de combat qui mène à la victoire en même temps qu'un instrument de vérification. La pesée qui ne fut jamais incluse formellement dans la suite des opérations chimiques, reste, après comme avant Lavoisier, en dehors des recherches de laboratoire qui aboutissent à l'analyse, à la synthèse ou à tout autre transformation de la matière. Les pesées de contrôle (faites *avant* et *après* la réaction) qui furent autrefois accidentellement utilisées pour montrer qu'au cours de l'expérience aucune parcelle de substance n'avait été *ajoutée* ou n'avait pu *échapper* devinrent sous l'influence du génie de Lavoisier qui apprit à les faire avec le plus grand soin, un critère indispensable de vérification et de vérité. Lavoisier, qui la comme ailleurs n'a rien découvert, métaphysiquement parlant, a transformé l'orientation de la pensée des chimistes en réalisant par son œuvre un progrès immense de ce qu'on pourrait appeler la *conscience expérimentale* ; nous n'avons pas à rechercher quels sont les liens lâches ou étroits qui unissent ce progrès de la *conscience expérimentale* avec les progrès de la *conscience théorique* qui furent dans ce cas concomitants, mais que certains penseurs déclarent logiquement indépendants et croient pouvoir étudier séparément.

Notre manière de voir que certains trouveront paradoxale fut pourtant celle d'un grand nombre de contemporains ; pour mettre le fait hors de doute reproduisons un extrait des registres de la *Société de Médecine* du 6 février 1789 où Fourcroy et de Horne s'exprimèrent ainsi sur le traité élémentaire de chimie… « À peine M. Black fit-il connaître l'être fugace qui adoucit la chaux, à peine M. Priestley eût-il donné ses premières expériences sur l'air fixe et ce qu'il appelait les différentes espèces d'air, que M. Lavoisier, qui ne s'était encore appliqué qu'à mettre dans les opérations de chimie de l'exactitude et de la précision conçut le vaste projet de répéter et de varier toutes les expériences des deux célèbres physiciens anglais et de poursuivre avec une ardeur infatigable une carrière nouvelle dont il prévoyait dès lors toute l'étendue. Il sentit surtout que l'art de faire des expériences vraiment utiles, et de contribuer aux progrès de la science de l'analyse, consistait à ne rien laisser échapper, à tout recueillir et à tout peser. Cette idée ingénieuse, à laquelle sont dues toutes les découvertes modernes, l'engagea à imaginer pour les effervescences, pour les combustions, pour la calcination des métaux, etc., des appareils capables de porter la lumière la plus vive sur la cause et les résultats des opérations. On connaît trop généralement aujourd'hui la plupart des faits et des découvertes que cette route expérimentale nouvelle a fait naître pour que nous ayons besoin d'en suivre les détails ».

À ce témoignage convaincant nous n'ajouterons plus que celui de Lavoisier lui-même ; l'auteur du *Traité élémentaire de Chimie* n'a jamais exposé comme nouvelle la *Loi de la conservation de la matière* sur laquelle il appuie son analyse et sa théorie ; il la considère comme fondée sur une évidence dont personne ne songe à douter ; il l'énonce accidentellement au sujet des difficultés nées de la transformation du moût de raisin en acide carbonique et alcool, lors de la fermentation vineuse, une opération « des plus frappantes et des plus extraordinaires de celles que la chimie nous présente » : à cette occasion, il propose même pour la première fois de mettre en équation l'analyse chimique car il y a égalité « entre les principes du corps qu'on examine et ceux qu'on en retire par l'analyse ». Il n'en est pas moins vrai qu'il faut lire presque toute la première partie du *Traité élémentaire de Chimie* pour trouver enfin à la page 141 cette phrase que l'historien est heureux de recueillir : « Rien ne se crée ni dans les opérations de l'art, ni dans celles de la nature, et l'on peut poser en principe que dans toute opération, il y a une égale quantité de matière avant et après l'opération ; que la qualité et la quantité des principes est la même et qu'il n'y a que des changements, des modifications. »

CLASSIFICATION, LANGAGE CHIMIQUE ET THÉORIE DE L'ACIDITÉ

Un ignorant de génie qui travaillerait dans un laboratoire moderne et qui se proposerait de reconstruire la science chimique à l'aide des critères fournis par la seule *loi de Lavoisier* réussirait-il dans son entreprise ambitieuse et grandiose ? Contrairement à ce qu'ont déclaré implicitement ou explicitement un grand nombre de ceux qui ont accidentellement écrit sur l'histoire de la chimie, nous ne craignons pas d'affirmer que notre ignorant serait vite désorienté et rebuté par nombre de phénomènes inattendus et divers présentés par les combinaisons et décompositions des réactifs mis en présence, qu'il renoncerait vite à son projet, qu'il attendrait du moins pour le reprendre d'être en possession d'une bonne classification des réactions effectuées dans les circonstances les plus diverses.

En un mot, comme Lavoisier lui-même, il serait obligé de s'appuyer partiellement sur les connaissances imparfaites que des siècles de recherches sérieuses ont permis d'accumuler et d'ordonner avec plus ou moins de bonheur. Quelles que soient ses intentions novatrices ou révolutionnaires ; il puiserait dans l'acquis obtenu par les efforts de ses prédécesseurs une grande partie des matériaux de sa nouvelle construction, il vérifierait la solidité des pierres qu'il va cimenter à nouveau, il les utiliserait mieux qu'on ne l'avait fait avant lui. Une fois le monument achevé il aura tendance il est vrai à sous-estimer l'héritage qu'il aura pourtant reçu gratuitement ; ses admirateurs et ses continuateurs riront du travail des ancêtres fossiles qu'ils ne se donneront plus la peine de comprendre et qu'ils qualifieront d'absurdes. Et certes, cette sorte d'ingratitude n'aura peut-être pas d'inconvénient pour le progrès de la science qui se fait. Un chimiste absorbé dans sa besogne quotidienne estime qu'il ne lui servira à rien d'examiner les « erreurs » ou s'il est indulgent les « approximations dépassées » et périmées des siècles précédents. Il a sans doute ses raisons et nous ne nous risquerons pas à discuter avec lui… Mais pour le psychologue, l'épistémologue et le philosophe qui étudient de divers points de vue la théorie de la connaissance scientifique il ne saurait en être ainsi ; ces penseurs ont besoin de reconstituer le travail effectif des constructeurs ; pour le but qu'ils poursuivent, une histoire des sciences qui n'aurait qu'une valeur heuristique risquerait de fausser leurs conclusions aussi judicieuses qu'elles soient. C'est pourquoi nous allons examiner très brièvement les questions suivantes qui sont d'ailleurs inséparables : Quelles parties du savoir contemporain Lavoisier accepta-t-il comme allant de soi et faisant partie du patrimoine anonyme de la chimie ? Quelles affirmations de la doctrine contemporaine Lavoisier modifia-t-il en les prenant pour modèles ?

Nous ne pouvons ici insister sur les apports successifs des chercheurs qui au cours du XVIIe et du XVIIIe siècle ont fait progresser la chimie ; nous ne pouvons parler des aspirations métaphysiques de quelques chimistes — même de quelques grands chimistes — qui avec Paracelse, Van Helmont, Glauber, Beccher et bien d'autres ont voulu faire de leur science la clef de voûte de la théologie et de la cosmologie générale ; signalons seulement que depuis le triomphe incontesté du Newtonianisme les chimistes abandonnèrent allègrement les spéculations aventureuses dont l'audace et l'indétermination avaient si fort charmé leurs prédécesseurs immédiats... Non qu'ils fussent devenus indifférents au système du monde et à la philosophie ; mais ayant l'assurance tranquille que la loi d'attraction universelle enfin découverte et mise hors de doute, donnait une explication suffisante dans ces grandes lignes des phénomènes célestes et terrestres ainsi que de toutes les réactions matérielles, ils purent se consacrer entièrement à l'étude de ces réactions. Comme Candide, mais pour d'autres raisons que Candide, pour des raisons opposées à celles de Candide, car ils ne souffrirent d'aucune désillusion sur la puissance de l'esprit humain, ils cultivèrent leur jardin.

Et comment parvenir à voir clair dans ce jardin broussailleux, dans cette forêt vierge de réactions inattendues et particulières presque aux corps mis en présence au cours de l'expérience ? À cette question préliminaire Boerhaave, que le XVIIIe siècle admira à l'égal des plus grands et que Lavoisier lui-même cita avec respect répondit ainsi à propos des innombrables dissolvants ou menstrues qui enrichissent et encombrent la science. « Il est donc nécessaire de les rapporter à certaines classes dont chacune ait sa marque caractéristique. En même temps que cette méthode soulagera la mémoire elle nous mettra en état de ranger les nouvelles découvertes parmi des autres du même genre et déjà connues auparavant. C'est la le seul moyen de se tirer de la confusion dans laquelle cette multitude de menstrues nous jetteraient sans cette précaution ; et de parvenir à connaître la manière dont les uns agissent en les comparant avec d'autres qui sont de la même espèce. »[9]

Répondant à l'appel de Boerhaave, une armée de chimistes explorèrent et défrichèrent le domaine sur lequel ils travaillèrent ; ils découpèrent dans les broussailles, ils rangèrent et déplacèrent les diverses substances en profitant autant que possible des accidents naturels du terrain, afin que leurs successeurs et eux mêmes puissent se promener commodément dans les larges avenues lumineuses percées par l'effort doctrine], inséparable bien entendu de l'effort pratique ; les chimistes firent alors œuvre de classificateurs autant qu'œuvre de découvreurs de faits. Au moment où Guyton de Morveau aidé de Lavoisier, Fourcroy, et Berthollet entreprit de renouveler le vocabulaire de la chimie, afin que la théorie chimique se réduise à une langue bien faite, ce travail préliminaire et obscur d'exploration et de classification patientes était presque mené à bonne fin. Sans quoi l'entreprise Condillacienne d'abord critiquée sévèrement n'aurait pu aboutir à une aussi éclatante victoire.

Nous devons ici faire une remarque importante qui nous a été suggérée par M. Aldo Mieli. Le progrès du sentiment de la nature, le goût des cabinets d'histoire naturelle, l'intérêt de plus en plus vif que le XVIIIe siècle eut pour l'étude détaillée des animaux et des plantes, de chaque animal et de chaque plante dans sa structure particulière, avait provoqué avant ou en même temps que la philosophie de Condillac, des essais de classification raisonnée des êtres vivants qui ont une très grande valeur et qu'au début du XIXe siècle l'on put confondre comme Cuvier avec la science elle-même. De même l'étude de chaque pierre, de chaque minerai, de chaque cristal naturel invita les minéralogistes, cristallographes ou chimistes à ranger les corps dont ils s'occupaient en de forts élégants tableaux où la forme et la composition permettaient de déceler les liens de parenté. Il s'agissait alors de saisir d'un coup d'œil « l'ordre de la nature » ou « le plan de la création ».

Vers la fin du XVIIIe siècle les sciences de la nature tout aussi bien que la chimie s'orientèrent donc vers des recherches statiques aboutissant à des classifications rationnelles, que depuis Linné et malgré les protestations de Buffon et autres dynamistes, la masse des chercheurs fixa comme but à son activité ; le mécanisme de la formation des animaux, des plantes, des minéraux, et des réactions matérielles elles-mêmes fut alors laissé de côté. Romé de l'Isle déclara éloquemment que notre perspicacité serait nécessairement en défaut si nous voulions préciser l'*action* par laquelle au sein du monde infiniment petit s'élabore la succession des phénomènes constatés à notre échelle et notamment la naissance et la formation du cristal, bref que tout savant qui voudrait « substituer les rêveries de notre imagination au silence de la nature sur les premiers principes » aboutirait à un échec, juste châtiment de son orgueilleuse ambition. — Hauy, que Romé de l'Isle traite dédaigneusement de cristalloclaste parce qu'il veut rendre compte de la structure des cristaux en déduisant de leurs clivages la figure des molécules intégrantes qui les constituent, Hauy a bien soin de déclarer que le *mécanisme de la structure* que sa théorie a mis à nu, n'a aucun rapport et n'explique pas le *mécanisme de la formation*. Les phénomènes furent simplement laissés de côté par la science classificatrice qui n'en constata que les résultats ou les empreintes.

Ainsi que les savants de cette école que nous pourrions appeler « statique » dont la conception de la science ressemble étrangement à celle sur laquelle s'appuie l'argumentation Bergsonienne, Lavoisier se désintéresse de la réaction chimique en tant que phénomène, du mécanisme de la réaction, de l'explication des tendances ou affinités qui provoquent la réaction. Sans doute se garde-t-il de toute condamnation *a priori*, ou de toute limitation dogmatique du savoir scientifique ; plus prudent que Romé de l'Isle ou Hauy, il déclara humblement que les problèmes laissés de côté sont trop difficiles à résoudre, et à l'abri de cette apparente modestie, il les élimine soigneusement de ses travaux, de ses méditations, et enfin du traité élémentaire de chimie.

Nous comprenons maintenant pourquoi la nouvelle chimie, — qui comme la botanique ou la zoologie d'alors aspirait à fournir un tableau de faits, sans interprétation de ces faits — fut vivement attaquée par les savants attribuant à la description du dynamisme des faits ou des progrès de la vie une importance prépondérante. Si Lamétherie — directeur du *Journal de Physique* injustement oublié aujourd'hui —, si Lamarck — illustre pionnier de l'évolutionnisme injustement méconnu de son temps —, s'opposèrent avec une violence inouïe à la révolution chimique dont ils ne comprirent pas l'importance, ce ne fut point comme on l'a dit l'effet d'un hasard regrettable et malencontreux. Nous assistons là au contraire, à une des phases du duel éternel que se livrent des formes d'esprit opposées qui assignent à la science des buts différents et incompatibles ; mais malgré leurs combats sans répits et sans fin, malgré les apparences journalières, les chercheurs collaborent effectivement à la construcction toujours en chantier et jamais achevée de la science humaine.

Si la classification des êtres vivants avec les emboîtements des variétés dans les espèces, des espèces dans les genres, des genres dans les embranchements, des embranchements dans les règnes animaux ou végétaux, était même sans effort d'interprétation homogène et hiérarchique, il ne put en être ainsi de la classification des réactifs chimiques qui ne décèlent leur nature et leurs propriétés qu'en se modifiant, et en modifiant les autres réactifs mis à leur contact. Les classes déjà bien connues et constamment étudiées des métaux, des acides, des alcalis, des sels, des terres, etc., se définissaient par certains nombres de qualités ayant des rapports plus ou moins hypothétiques avec l'origine ou la composition des divers corps qu'elle renfermait.

La classe des métaux a longtemps paru la plus naturelle de toutes ; ces corps qui se caractérisent par leur pesanteur (densité) très élevée, leur opacité, leur bel aspect ont des propriétés communes ; l'ensemble d'entre eux, c'est une constatation d'expérience, (je n'ose dire expérimentale) forme un groupe homogène de corps. Or comment expliquer l'existence de ce groupe ? les alchimistes, les chimistes, les mineurs, les métallurgistes, les philosophes s'y appliquèrent spontanément et inventèrent de belles hypothèses sur lesquelles nous ne devons pas insister concernant l'origine, les tendances à la perfection, la coction ou la maturité des matières appartenant au règne métallique. La plupart de ces suppositions et notamment la réussite des transmutations furent contestées au XVIIIe siècle et Boerhaave que nous avons déjà eu l'occasion de citer les élimina de sa chimie. Cependant, et cela est à remarquer, Boerhaave attribue une grande importance aux métaux ; il crut que ces complexes étaient formés au moins de deux ingrédients : un principe métallisant ou mercure leur imposant leurs propriétés génériques, un principe caractéristique de chacun d'eux permettant de les différencier et de les appeler, or, argent, cuivre, étain, etc. Les transmutations plus ou moins légendaires, si elles étaient réelles se réduiraient à ce que la chimie moderne nomme des déplacements. « On n'est donc pas fondé à soutenir que les métaux peuvent être aisément changés les uns dans les autres, excepté à l'égard de leur partie mercurielle… Ainsi par transmutation l'on ne pourrait pas tirer plus d'or d'un métal qu'à proportion du mercure qui entre dans sa composition ». En conséquence, ajoute Boerhaave « ceux-là se trompent grossièrement qui cherchent à convertir en métal une matière non métallique »[10].

L'analyse logique de Boerhaave aurait parfaitement rendu compte de l'existence des divers métaux, si les métaux ne s'étaient obstinément refusés à se laisser scinder par l'analyse chimique ; je sais bien que cette analyse logique qui voulait à toute force découvrir un principe métallisant a été reprise plus tard par certains expérimentateurs qui attribuèrent au phlogistique la capacité de transformer en métaux les chaux métalliques ; mais d'abord, le phlogistique auquel on s'était laissé entraîner à donner un rôle immense et indéterminé n'existe pas que dans les métaux ; il n'est pas seulement principe métallisant ; il doit aussi expliquer la combustion en qualité d'ingrédient combustible par excellence ; puis on remarque que la calcination est une opération complexe ; enfin Lavoisier le reconnaîtra franchement : chaque métal est un corps simple ; la cause du genre métallique ne réside pas dans la composition des métaux ; elle échappe à la perspicacité du chimiste.

Est-ce à dire que l'analyse logique de Boerhaave et de certains phlogisticiens n'a laissé aucune trace dans la science, qu'elle fut inutile au progrès de la chimie ? La réponse à cette question nous est fournie par la manière dont Lavoisier a su faire la théorie d'autres classes naturelles de corps ; prenons celle des acides dont le XVIIe siècle mécaniste avait rendu compte en les déclarant composés de pointes qui piquaient la langue, lacéraient les substances organiques et se précipitaient dans les gaines des alcalis lors de la formation de sels neutres ; une telle manière de voir qui avait enchanté Lemery et bien d'autres savants parut vite puérile, simpliste et ridicule ; les Newtoniens et les Stahliens la raillaient avec une sorte de joie ; l'affinité suivant eux ne pouvait s'expliquer par ce mécanisme ou plutôt ce machinisme de charpentier ou de menuisier ; si les corps agissent l'un sur l'autre, cela résulte de ce que leurs molécules s'attirent, de ce qu'ils ont quelque chose de commun dans leur composition, et d'une manière plus générale de ce que *les semblables recherchent volontiers les semblables.*

Lavoisier s'est désintéressé (nous verrons plus tard qu'il s'en est inspiré cependant) de cette doctrine récente et déjà périmée concernant les réactions matérielles ; du moins, il fait des analyses excellentes et explique judicieusement l'existence du groupe des acides ; remarquons seulement qu'il parle des acides qu'il a expérimentalement décomposés comme Boerhaave parlait *a priori* des métaux. « Les acides, dit-il sont composés de deux substances de l'ordre de celles que nous concevons comme simples, l'une qui constitue l'acidité et qui est commune à tous ; c'est de cette substance que doit être emprunté le nom de classe ou de genre ; l'autre, qui est propre à chaque acide, qui les différencie les uns des autres ; et c'est de cette substance que doit être emprunté le nom spécifique »[11]. Après avoir expliqué la formation des acides phosphoriques, sulfuriques et carboniques par la combustion du phosphore, du soufre ou du charbon qui se saturent d'oxygène en brûlant, Lavoisier, écrit de même. « On voit que l'oxygène est un principe commun à tous et que c'est lui qui constitue leur acidité ; qu'ils sont ensuite différenciés les uns des autres par la nature de la substance acidifiée. Il faut donc distinguer dans tout acide, la base acidifiable à laquelle

M. de Morveau a donné le nom de radical[12], et les principes acidifiant, c'est-à-dire l'oxygène. »

Il conclut ainsi en rendant inextricablement solidaires nomenclature et théorie : « Rien n'est plus aisé d'après les principes posés dans le chapitre précédent, que d'établir une nomenclature des acides : le mot acide sera le nom générique ; chaque acide sera ensuite différencié dans le langage comme il l'est dans la nature, par le nom de sa base ou de son radical. Nous nommerons donc acides en général le résultat de l'oxygénation du phosphore, du soufre et du charbon. Nous nommerons le premier de ces résultats, acide phosphorique, le second acide sulfurique, le troisième acide carbonique. De même dans toutes les occasions qui pourront se présenter, nous emprunterons au nom de la base la désignation spécifique de chaque acide »[13].

Voici qui est clair et même lumineux ; mais immédiatement Lavoisier signale trois faits qui projettent du trouble sinon de l'obscurité sur la théorie précédente et vont obliger le chimiste à l'altérer et à la compliquer ; en premier lieu, les corps simples qui font fonction de base des acides ont plusieurs degrés de saturation et forment par leurs oxydations diverses plusieurs acides différents. Le soufre combiné avec un peu d'oxygène donne « un acide volatil d'une odeur pénétrante et qui a des propriétés particulières. Une plus grande proportion d'oxygène le convertit en un acide fixe et pesant, sans odeur et qui donne dans les combinaisons des produits fort différents du premier »[14] Lavoisier ne voit là qu'une difficulté de la nomenclature ; il propose d'appeler l'acide le moins oxygéné *sulfureux* le plus oxygéné *sulfurique*, et d'étendre ce procédé de nomination à tous les cas semblables ; « nous aurons donc également un acide phosphoreux et un acide phosphorique, un acide acéteux et un acide acétique et ainsi des autres[15] ». Seule notre ignorance de la base acidifiable peut créer là des difficultés accidentelles capables d'engendrer des idées fausses ; mais les erreurs peuvent être rectifiées à mesure des progrès de la science. On ignorait que l'acide aériforme découvert récemment et que l'on avait appelé air fixe résulte de la combinaison du carbone et de l'oxygène. Rien ne nous a été plus facile que de corriger et de modifier l'ancien langage en substituant le nom d'acide carbonique à celui d'air fixe.

Mais là surgit une deuxième difficulté ; nous ne connaissons pas encore les bases acidifiables de certains acides ; et nous savons que chez un bon nombre d'acides organiques cette base acidifiable qui fait office de corps simple est elle-même un complexe de corps simples ; nous appelons radical avec Guyton de Morveau le complexe de corps simples qui joue le rôle de « base » des acides ; c'est ainsi qu'avec Scheele et Berthollet nous soupçonnons le radical de l'acide prussique d'être composé de carbone et d'azote ; nous savons que la plupart des radicaux d'acides organiques sont composés de carbone, d'azote, et peut-être de phosphore en proportions variables et caractéristiques pour chacun d'eux.

Si nous revenons aux acides dont nous ignorons encore la base acidifiable et que nous ne sommes pas encore arrivés à scinder en oxygène et radical constituant comme par exemple l'acide du sel marin, nous lui donnerons un nom quand même et attendrons la suite des travaux et des découvertes pour fournir sur ce point une théorie complète.

« Quoiqu'on ne soit encore parvenu, dit Lavoisier, ni à composer, ni à décomposer l'acide qu'on retire du sel marin, on ne peut douter cependant qu'il ne soit formé comme tous les autres, de la réunion d'une base acidifiable avec l'oxygène. Nous avons nommé cette base inconnue *base muriatique, radical muriatique,* en empruntant ce nom à l'exemple de M. Bergman et de M. Morveau du mot latin *Muria* donné anciennement au sel marin. Ainsi sans pouvoir déterminer quelle est exactement la composition de l'acide muriatique, nous désignerons sous cette dénomination un acide volatil, dont l'état naturel est d'être sous forme gazeuse au degré de chaleur et de pression que nous éprouvons, qui se combine avec l'eau en très grande quantité et avec beaucoup de facilité ; enfin dans laquelle le radical acidifiable tient si fortement à l'oxygène, qu'on ne connaît jusqu'à présent aucun moyen de les séparer.

Si un jour, on vient à rapporter le radical muriatique à quelque substance connue, il faudra bien alors changer sa dénomination et lui donner un nom analogue à celui de la base dont la nature aura été découverte »[16].

Or, est-il besoin de le dire, l'acide muriatique qui n'est autre que notre acide chlorhydrique ne contient pas d'oxygène comme ingrédient constituant. L'hypothèse substantialiste que Lavoisier avait incorporée à la nouvelle nomenclature affirmait cependant que l'oxygène est le seul principe de l'acidité. L'analyse mentale *a priori* voulut encore une fois se substituer à la décevante analyse chimique, diriger son orientation, prévoir infailliblement ses résultats futurs, en affirmant malgré ses résultats actuels que l'acide muriatique comme toutes les autres substances acides est le produit de l'oxygénation d'une base acidifiable. « L'univers du langage[17] » pour employer la pittoresque expression de M. Brunschvicg forma momentanément écran à la connaissance de l'univers matériel.

Pourtant, Scheele avait déjà décomposé l'acide muriatique, en libérant un gaz verdâtre qui a des propriétés fort différentes et que les partisans des doctrines opposées à celles de Lavoisier appelaient *acide muriatique déphlogistiqué* ; Lavoisier qui connaît les propriétés oxydantes du chlore, qui sait aussi que ce gaz peut se combiner avec la soude et la potasse en formant des sels fort oxydants[18], croit avec beaucoup de vraisemblance qu'il est formé de la combinaison de l'acide muriatique ordinaire avec l'oxygène ; il le nomme, bien qu'il ne puisse prouver la justesse de ce qu'il avance *acide muriatique oxygéné…* Voici comment il expose sa théorie sur ce point.

L'acide muriatique « n'est pas saturé d'oxygène autant qu'il le peut être, il est susceptible d'en prendre une nouvelle dose, si on le distille sur des oxydes métalliques, tels que l'oxyde de manganèse, l'oxyde de plomb ou l'oxyde de mercure : l'acide qui se forme alors et que nous nommons acide muriatique oxygéné, ne peut exister comme le précédent, lorsqu'il est libre que dans l'état gazeux ; il n'est plus susceptible d'être absorbé par l'eau en aussi grande quantité… L'acide muriatique oxygéné est susceptible comme l'a démontré M. Berthollet, de se combiner avec un grand nombre de bases salifiables ; les sels qu'il forme sont susceptibles de détoner avec le carbone et avec plusieurs substances métalliques : ces détonations sont d'autant plus dangereuses, que l'oxygène entre dans la composition du muriate oxygéné avec une très grande quantité de calorique qui donne lieu par son expansion à des explosions très dangereuses. »[19].

Ajoutons en passant que lorsque Gay Lussac et Thénard, voyant qu'il était impossible d'isoler l'oxygène de l'acide muriatique oxygéné émirent enfin l'hypothèse que le soi-disant acide muriatique oxygéné pourrait être un corps simple, ils acceptèrent avec une certaine mauvaise humeur cette manière de voir à laquelle ils espéraient échapper afin de sauver la doctrine substantialiste considérant l'oxygène comme principe acidifiant ; reprenant l'hypothèse abandonnée par les chimistes français, Davy établit alors que l'acide muriatique (ou chlorhydrique) ne contient pas d'oxygène et que contrairement à la conviction intime de Lavoisier, le principe oxygène n'est pas porteur d'acidité.

Enfin, et pour Lavoisier déjà, si le principe oxygène est bien le principe acidifiant, il n'est cependant pas *que* le principe acidifiant ; en se combinant sans les saturer entièrement avec certains métaux, il forme des composés différents que les anciens nominaient *chaux* et auxquels la nouvelle école propose d'appliquer le nom générique d'*oxydes*. « Les substances métalliques, en s'oxygénant dans l'air dit Lavoisier, ne se convertissent pas en acides comme le soufre, le phosphore et le charbon : il se forme des substances intermédiaires, qui commencent à se rapprocher de l'état salin, mais qui n'ont pas encore acquis toutes les propriétés salines »… Lorsque les métaux forment différents oxydes, nous pouvons les distinguer les uns des autres en leur donnant des noms différents ; nous dirons par exemple oxyde gris de plomb, oxyde jaune de plomb, (massicot), oxyde rouge de plomb. (minium).

Comme on appelle oxyde tout composé oxygéné non saturé d'oxygène Lavoisier qui ne distingue jamais la nomenclature de la théorie écrit ceci : « Nous ne nous sommes pas contentés de désigner sous le nom d'*oxyde* la combinaison des métaux avec l'oxygène ; nous n'avons fait aucune difficulté de nous en servir pour exprimer le premier degré d'oxygénation de toutes les substances, celui qui, sans les constituer acides les rapproche de l'état salin. Nous appellerons *donc oxyde de soufre* le soufre devenu mon par un commencement de combustion : nous appellerons oxyde de phosphore la substance jaune que laisse le phosphore quand il a brûlé.

Nous dirons de même que le gaz nitreux qui est le premier degré de l'oxygénation de l'azote, est un oxyde d'azote. Enfin le règne végétal et le règne animal auront leurs oxydes, et je ferai voir dans la suite combien ce nouveau langage jettera de lumière sur toutes les opérations de l'art et de la[20] nature. »

LES SELS, L'ANCIENNE DOCTRINE DES AFFINITÉS ET LES PRÉVISIONS THÉORIQUES

Les remarques précédentes nous amènent à dire quelques mots des sels ; Lavoisier réserve ce nom générique à des combinaisons complexes que l'ancienne chimie appelait *sels neutres,* et rejette de cette classe aussi bien les acides précédemment étudiés « que les alcalis et autres substances » que l'on avait pourtant de bons motifs pour considérer comme salines. « Je ne désignerai par ce nom (de sel dit-il) que des composés formés de la réunion d'une substance simple oxygénée avec une substance quelconque »[21].

Ces bases salifiables sont outre les substances métalliques, la potasse, la soude, l'ammoniaque, la chaux, la magnésie, la baryte et l'alumine. Lavoisier fait une description de chacune de ces substances chimiquement encore mal connues ; des trois alcalis qui sont la potasse, la soude et l'ammoniaque un seul a été décomposé. Dès 1784 Berthollet montra que 1000 parties d'ammoniaque sont composées de 807 parties d'azote et de 193 d'hydrogène. Lavoisier considère la potasse et la soude provisoirement comme des substances simples. Se guidant pourtant sur l'analyse de Berthollet, il risque timidement une hypothèse les concernant quand il écrit avec la plus grande prudence : « On ne connaît pas mieux jusqu'ici les principes constituants de la soude que ceux de la potasse… L'analogie pourrait porter à croire que l'azote est un des principes constituants des alcalis en général, et on en a la preuve à l'égard de l'ammoniaque…, mais on n'a relativement à la potasse et à la soude que de légères présomptions qu'aucune expérience décisive n'a encore confirmées »[22].

Sur les quatre terres indécomposées qui sont la chaux, la magnésie la baryte et l'alumine, Lavoisier n'a pas grand chose d'assuré à dire ; il fait d'abord simplement observer que si ces terres et les alcalis entrent directement dans la composition des sels, les métaux ont préalablement besoin d'être oxydés pour pouvoir se combiner avec les acides, en d'autres termes pour devenir bases salifiables. Ceci établi et prouvé permet certains prolongements doctrinaux. « L'oxygène, écrit alors Lavoisier est donc le moyen d'union entre les métaux et les acides ; et cette circonstance qui a lieu pour tous les métaux comme pour tous les acides pourrait porter à croire que toutes les substances qui ont une grande affinité avec les acides contiennent de l'oxygène. Il est donc assez probable que les quatre terres salifiables que nous avons désignées ci-dessus contiennent de l'oxygène et que c'est par ce *latus* qu'elles s'unissent avec les acides. Cette considération semblerait appuyer (l'hypothèse), que ces substances pourraient bien n'être autre chose que des métaux oxydés avec lesquels l'oxygène a plus d'affinité qu'il n'en a avec le charbon, et qui par cette circonstance sont irréductibles. Au reste ce n'est ici qu'une conjecture que des expériences ultérieures pourront seules confirmer ou détruire. »[23].

Arrêtons-nous là un instant ; les observations précédentes nous font pénétrer plus avant dans l'orientation d'esprit de Lavoisier.

1° En premier lieu la décomposition de l'ammoniaque fit longtemps luire l'espoir fallacieux caressé par un grand nombre de chimistes de la décomposition similaire de tous les alcalis, l'azote jouant le rôle de principe alcalinisant. Fourcroy et Lavoisier lui-même n'ont-ils pas eu le désir de remplacer le nom *azote* par celui d'*alcaligène*. Dans ce cas une analogie apparente égara un certain nombre de chercheurs, qui raisonnant judicieusement s'engagèrent dans une voie sans issue.

2° Si nous pouvons avec juste raison admirer la divination de Lavoisier qui permit aux chimistes de prévoir que les terres et notamment la baryte sont elles-mêmes oxydes métalliques, il est bon de réfléchir sur les motifs raisonnés de cette étonnante divination. La chimie Stahlienne qui affirmait que la principale cause de la réaction chimique n'est autre que l'*attraction du semblable pour le semblable* espérait que l'étude de la réaction chimique serait révélatrice de la composition des réactifs ; la doctrine des affinités une fois acceptée devenait alors source d'explication et d'analyse[24]… Or Lavoisier admet que l'oxygène qui existe à la fois dans les acides et dans les oxydes est la cause véritable aussi bien que le moyen de la combinaison de ces corps lors de la formation des sels neutres ; c'est parce que les chaux indécomposées se combinent avec les acides, substances saturées d'oxygène que le chimiste est invité à rechercher l'oxygène dissimulé dans les terres vraisemblablement oxydes métalliques. L'analogie entre les acides et les oxydes devient source de réaction chimique ; cette analogie est dans toute la force du mot *agissante*[25] ; Lavoisier, en empruntant à l'école Stahlienne une manière de penser qui lui paraissait périmée a donc été mis sur la route qui conduit à la découverte de la vérité.

L'on pourrait supposer cependant, que malgré les apparences, l'analogie agissante, peut se réduire là à une féconde induction. Les terres réagissent comme les oxydes métalliques, pourquoi ne seraient-elles pas elles-mêmes oxydes métalliques ? Et du point de vue logique cette manière de voir est parfaitement soutenable. Mais ici, il s'agit de la philosophie de la matière, et des ressorts psychologiques qui soutiennent cette philosophie. Le langage employé par Lavoisier n'est-il pas révélateur du cheminement de sa pensée ? Sans insister sur ce grave problème que nous livrons aux philosophes, nous constatons que sur certains points au moins, Lavoisier n'était pas aussi éloigné de l'ancienne chimie qu'on le dit généralement.

LE CONCEPT DE GAZ

Remarquons maintenant que le principe oxygène — qui provoque les phénomènes de combustion, est la seule cause des propriétés des acides et des oxydes comme de leurs réactions réciproques, joue comme nous l'avons vu un rôle de premier plan dans l'économie de la nature —, est cependant inconnu à l'état élémentaire ; ses affinités sont si puissantes qu'il ne quitte un composé que pour entrer dans un autre et que le chimiste désespère de le capter ou de l'isoler ; toutes les réactions matérielles où l'oxygène est impliqué se réduisent comme pour les éléments de la science Stahlienne à des déplacements ou à des doubles décompositions.

Sans doute, allez-vous penser que le gaz oxygène est cependant un corps simple puisqu'il ne peut se scinder en ingrédients constituants et que Lavoisier a définitivement établi que le poids d'un oxyde métallique (l'oxyde rouge de mercure par exemple) est égal au poids du métal obtenu lors de sa décomposition (dans ce cas le mercure) augmenté du poids de gaz oxygène qui se dégage au même moment.

Pour Lavoisier il n'en est rien ; le gaz, fluide par excellence est dû à la combinaison d'un corps simple (ou d'un radical complexe) avec la matière de la chaleur ou *calorique* dissolvant universel qui impose aux substances qu'il sature un état aériforme : « Je désignerai dorénavant, dit-il, les fluides aériformes sous le nom générique de *gaz* ; et je dirai en conséquence que dans toute espèce de gaz, on doit distinguer le calorique qui fait en quelque façon office de dissolvant et la substance combinée avec lui qui forme sa base[26] ».

Ainsi par suite d'une doctrine à la fois substantialiste et grammaticale de la formation des divers composés, le calorique impose l'état gazeux aux corps qui en sont saturés, de même que l'oxygène impose l'état acide aux corps qui en sont saturés, et (mais il s'agit d'une hypothèse qui fut condamnée par l'expérience) que l'azote impose l'état alcalin aux corps qui en sont saturés.

Arrêtons-nous un instant au concept même de gaz que Van Helmont avait autrefois appliqué aux corps rendus aériformes par leur dissolution dans l'air, et qui par extension désignait maintenant tout fluide aériforme qu'il fut aérien ou factice ; sans insister outre mesure sur ce sujet rappelons qu'après les découvertes de Black, de Scheele, de Lavoisier et surtout de Priestley, Bucquet avait encore écrit en 1777 avec beaucoup de bon sens. « Plusieurs physiciens et chimistes s'attachant au seul nom d'*air* sont restés persuadés que tous les fluides que M. Priestley a fait connaître, n'étaient et ne pouvaient être que de l'air chargé de quelques vapeurs de différentes natures, tant ils étaient convaincus qu'aucune substance, autre que l'air ne peut se montrer sous les apparences de cet élément »[27].

Lavoisier ne crut pas un instant que les différents gaz n'étaient que de l'air atmosphérique modifié par des impuretés ; pour expliquer le genre gazeux, il voulut pourtant que toutes les substances appartenant à ce genre continssent un substrat générique, un élément caractérisant le genre ; il était normal que cet élément dont nous parlerons tout à l'heure fut le calorique, les solides se dilatant, se liquéfiant puis se vaporisant sous l'action de la chaleur.

« Nous avons appelé d'un nom générique de *gaz* dit encore Lavoisier toutes les substances portées à l'état aériforme par une addition suffisante de calorique, en sorte que si nous voulons désigner l'acide muriatique, l'acide carbonique, l'hydrogène, l'eau, l'alcool dans l'état aériforme, nous leur donnerons le nom de *gaz acide muriatique, gaz acide carbonique, gaz hydrogène, gaz acqueux, gaz alcool* »[28].

De même que les radicaux des acides ne sont pas obligatoirement des corps simples, il arrive que les substances qui forment la base des gaz ne soient pas élémentaires ; Cela est vrai notamment pour le gaz acide muriatique, le gaz acide carbonique, le gaz alcool, et le gaz acqueux qui n'est que de la vapeur d'eau.

Revenons aux gaz formés d'un élément saturé de calorique.

« L'azote nous dit-on est un des principes les plus abondamment répandus dans la nature. Combiné avec le calorique, il forme le gaz azote ou mofette qui entre environ pour les deux tiers dans le poids de l'atmosphère[29] ».

Le principe hydrogène qui, l'expérience l'a montré, est le radical constitutif de l'eau n'existe pas à l'état pur : « son affinité pour le calorique est telle qu'il reste constamment dans l'état de gaz au degré de chaleur et de pression sous lequel nous vivons. Il nous est donc impossible de connaître ce principe dans un état concret et dépouillé de toute combinaison[30] ».

Lorsque le gaz hydrogène brûle dans le gaz oxygène, les deux gaz se décomposent, laissant le calorique s'échapper sous forme de chaleur sensible et les radicaux se combinent pour former de l'eau. « Si réellement l'eau est composée comme j'ai cherché à l'établir (écrit Lavoisier), d'un principe qui lui est propre, l'hydrogène combiné avec l'oxygène, il en résulte qu'en réunissant ces deux principes, on doit refaire de l'eau et c'est ce qui arrive en effet »[31].

Nous ne pouvons insister sur les combinaisons des gaz entre eux, ni entrer dans l'étude des réactions chimiques où ils sont impliqués ; nous en avons assez dit pour montrer comment Lavoisier tentait de rendre compte du concept de gaz par l'existence d'un principe gazéifiant, qui serait le support matériel de tous les corps gazeux.

LE CONCEPT DE CALORIQUE, LA STRUCTURE DE LA MATIÈRE ET LA LUMIÈRE

Attachons-nous au « calorique » caractérisant l'état gazeux et soutien matériel chez Lavoisier du concept même de gaz[32] ; notons d'abord qu'en même temps que les chimistes de la deuxième moitié du XVIIIe siècle étudiaient avec une sorte de passion les divers fluides aériformes, ils instituaient de savantes expériences afin de mieux connaître et de mesurer la matière de la chaleur ; au moment où Lavoisier et Laplace entreprirent leurs recherches concernant la calorimétrie, les travaux de Crawford et de Joseph Black étaient universellement connus ; l'on admettait que la chaleur qui augmente le volume des solides en s'insinuant dans leur substance pourrait être substance matérielle, l'on admettait encore que cette chaleur pénétrant en quantité accrue dans ces solides qu'elle continuait à chauffer, les transformait en fluides, liquides ou vapeurs, jouant là le rôle de dissolvant universel que l'ancienne physique lui avait parfois attribué. Si la chaleur est corps, elle peut être utilisée comme réactif aussi bien que comme instrument, elle peut entrer à titre d'ingrédients dans la composition des mixtes, et elle est directement objet d'études pour le chimiste.

Boerhaave ne lui a-t-il pas consacré la plus grande partie de l'illustre *traité du feu* inséré dans ses éléments de chimie ? En nommant *calorique* le *feu* de Boerhaave qui dérivait lui-même de la *matière subtile* cartésienne, Lavoisier ne prétendit pas apporter à la science un élément encore inconnu ; il se proposa seulement d'incorporer à son système une série de découvertes fort importantes qu'il montra sous un jour nouveau ; le *feu* ou la *matière de la chaleur* termes jusqu'alors utilisés par les chimistes apportaient avec eux quelque trace des perceptions sensibles du « plus ou moins chaud » dont ils étaient primitivement dérivés ; le calorique va désormais être entièrement libéré de la sensation ; car si le calorique *libre*, c'est-à-dire qui n'est engagé dans aucune combinaison mais qui a de l'adhérence pour tous les corps, nous donne bien la sensation de chaud et fait monter les thermomètres, il existe un calorique *combiné* « qui est enchaîné dans les corps par la force d'affinité ou d'attraction et qui constitue une partie de leur substance ou même de leur solidité »[33].

On ne peut éliminer entièrement le calorique des diverses matières ; il existe même dans les solides, et par suite, nous n'avons aucun moyen direct de mesurer sa quantité absolue ; pourtant nous pouvons à l'aide du calorimètre mesurer son augmentation ou sa diminution ; « on entend par cette expression, calorique *spécifique* des corps, la quantité de calorique respectivement nécessaire pour élever d'un même nombre de degrés la température de plusieurs corps égaux en poids ».

Enfin le calorique peut passer de l'état *libre* à l'état *combiné* ou inversement de l'état *combiné* à l'état *libre*, de sorte comme on s'exprimait alors qu'il existe une chaleur *sensible* et une chaleur *latente*.

Quand un corps prend l'état gazeux, il absorbe une grande quantité de calorique qui passe de l'état *libre* à l'état *combiné* quand ce même corps abandonne l'état gazeux, il émet du calorique qui en passant de l'état *combiné* à l'état *libre* se répand sous forme de chaleur sensible sur les corps environnants. Tel est le mécanisme de cette réaction qui est phénomène chimique autant et plus que phénomène physique[34].

Remarquons maintenant que si le calorique occupe un certain volume, s'il dilate tous les corps, il n'augmente pas cependant le poids de ces corps que l'on mesure à la balance ; la calorimétrie ne tente pas de mesurer le poids du calorique en le pesant. Le calorique, tout comme la *matière subtile* de Descartes et le *feu* de Boerhaave est donc, bien que Lavoisier évite d'attirer l'attention sur ce point, ce que la chimie du XIXᵉ siècle a nommé élément impondérable ; en langage Newtonien on peut dire que cet élément n'est pas sensible à l'attraction universelle, qu'il tend à se répandre uniformément à travers l'espace sans rechercher ni corps ni lieu privilégié, bref que le chimiste n'a pu découvrir aucun « aimant du feu »[35]. Et cependant ce même calorique, en qualité de réactif ou de corps doit, comme tous les autres corps, entrer ou sortir de la composition des mixtes lors des réactions matérielles.

Examinons un problème important qui semble aujourd'hui en marge de la théorie chimique, mais qui nous permettra de pénétrer plus profondément dans la philosophie de la matière chez Lavoisier : si le calorique est impondérable, si l'on doit renoncer à mesurer sa quantité à l'aide du critère universel de vérité fourni par la balance, si l'on doit le considérer comme un être exceptionnel, cela ne signifie-t-il pas qu'il est le corps le plus important de la nature ? La réponse à cette interrogation nous est fournie par le plan même des *éléments de chimie* ; l'ouvrage qui promettait d'être si facilement accessible s'ouvre par un chapitre intitulé : *des combinaisons du calorique et de la formation des fluides élastiques aériformes*. Et immédiatement nous quittons le monde usuel pour nous attacher aux problèmes les plus ardus qui sont situés aux frontières de la physique et de la chimie ; mais lisez le chapitre ; il n'est plus question de combattre victorieusement les théories atomiques, ou de déclarer dédaigneusement que les conceptions moléculaires sont métaphysiques ou indéterminées[36]. Mais bien au contraire, il nous faut avec Lavoisier proclamer l'existence de particules indépendantes dont l'assemblage forme les corps ; nous admettrons encore que ces particules sont plus ou moins écartées par la chaleur, qu'elles ne viendraient au contact les unes des autres que dans le froid absolu qui nous est inaccessible, bref « que les molécules d'aucun corps ne se touchent dans la nature ; conclusion très singulière et à laquelle cependant il est impossible de se refuser. On conçoit (continue Lavoisier) que les molécules des corps étant ainsi continuellement sollicitées par la chaleur à s'écarter les unes des autres, elles n'auraient aucune liaison entre elles, si elles n'étaient retenues par une autre force qui tendît à les réunir, et pour ainsi dire à les enchaîner ; et cette force quelle qu'en soit la cause a été nommée attraction »[37]. Mais si la chaleur peut faire obstacle à l'attraction, si elle écarte les molécules, si elle liquéfie et vaporise les corps primitivement solides, c'est que la chaleur est due à un corps. « Il est difficile (en effet) de concevoir ces phénomènes sans admettre qu'ils sont l'effet d'une substance matérielle, d'un fluide très subtil qui s'insinue à travers les molécules de tous les corps et qui les écarte »[38]. C'est donc en fonction d'une théorie corpusculaire et dans un monde Newtonien que Lavoisier a été contraint par la position même du problème à introduire la notion de calorique.

Et sans doute Lavoisier le sait, la chaleur n'est peut-être pas due à l'action d'un élément ; les cartésiens ont pu admettre, et Laplace le pense aujourd'hui, qu'elle résulte d'un mode de mouvement ; Lavoisier n'a pas d'argument à opposer à Laplace, bien que la pensée de Laplace heurte une de ses idées fondamentales ; il se refuse à toute discussion et propose simplement de parler du calorique comme si la chaleur était corps ; bien qu'en fait, elle ne soit peut-être pas corps, qu'on puisse la considérer comme une « cause répulsive quelconque qui écarte les molécules de la matière » et s'oppose ainsi à leur attraction spontanée.

Que cette concession à la possibilité d'une théorie mécanique de la chaleur ne soit qu'apparente et de pure forme, qu'elle ne soit faite pourrait-on dire que du bout de la plume, c'est ce qui ressort nettement de l'ensemble de l'œuvre de Lavoisier ; car il est à noter que si le grand chimiste ne combat aucunement directement l'imagination corpusculaire, soit cartésienne, soit Newtonienne, s'il utilise au besoin cette imagination pour donner un tableau des réactions matérielles où le calorique intervient, il laisse cette imagination s'exercer dans le vague ; il ne raffine pas sur elle, et ne se soucie d'aucun des problèmes mathématiques ou mécaniques concernant la chaleur, posés par les partisans de l'atomisme rigide.

Répétons-le ; bien que nous soyons ici sur la « zone intermédiaire » trouble et glissante où nous ne devons avancer qu'avec prudence —, et où les concepts à l'état dynamique réagissent les uns sur les autres sans aucun scrupule métaphysique pour élaborer la science —, l'hypothèse de la structure discontinue de la matière qui est si nette chez Lavoisier lui est cependant indifférente, de même aussi que le mécanisme de la marche effective de la réaction matérielle ; les premiers chapitres du *Traité élémentaire de Chimie* qui suivant la mode du temps sont consacrés *à l'analyse de l'air et à des vues générales sur la formation et la constitution de l'atmosphère de la terre* ne servent que d'introduction, de préface, de cadre cosmologique à la théorie chimique. Préface nécessaire pour sortir le lecteur du monde du sens commun, mais qui par rapport à la science Condillacienne et malgré les expériences qui illustrent la pensée de l'auteur fait quand même l'effet d'un hors-d'œuvre.

Pour justifier ce qui précède, il nous faut parler de la lumière dont Lavoisier n'a que faire, que Higgins et Sennebier pourtant en prolongeant l'optique Newtonienne considéraient alors comme un corps doué d'affinité, et que Macquer identifiait au phlogistique.

Vu l'importance de la lumière, Lavoisier ne peut la négliger entièrement, il est disposé à admettre que, elle pourrait être « une modification du calorique » ; il suppose ailleurs avec Berthollet « qu'elle pourrait contribuer avec le calorique à constituer l'oxygène dans l'état de gaz » ; enfin son rôle dans la formation des plantes et des animaux est indéniable ; mais quand le lecteur veut des précisions sur ce rôle primordial, il lui est répondu par une émotion poétique et sincère qui dévoile l'embarras de l'auteur se trouvant entraîné sur un terrain inexploré où l'analyse chimique est impuissante et sans forces.

« L'organisation, le sentiment, le mouvement spontané, la vie n'existent qu'à la surface de la terre dans les lieux exposés à la lumière. On dirait que la fable du flambeau de

Prométhée était l'expression d'une vérité philosophique qui n'avait pas échappé aux anciens. Sans la lumière la nature était sans vie, elle était morte et inanimée : Un Dieu bienfaisant en apportant la lumière a répandu sur la surface de la terre, l'organisation, le sentiment et la pensée »[39].

Si Lavoisier n'a pas voulu rejeter catégoriquement la lumière hors de la chimie, s'il lui laisse un rôle aussi immense qu'indéterminé dans le système du monde, il ne s'en occupe pratiquement pas… Notons simplement que les chimistes Newtoniens qui étaient les plus fermes soutiens de la théorie de l'émission et attribuaient à la lumière, non seulement la corporéité mais aussi l'attraction universelle et des affinités spécifiques, devinrent après Lavoisier indifférents a ces hypothèses qu'ils avaient autrefois soutenues ; et ainsi, ils acceptèrent sans résistance ni répugnance qu'avec Young et Fresnel les ondulations lumineuses se réduisent à des faits physiques, la lumière n'intéressant plus la chimie[40].

Nous ne pouvons insister davantage sur le calorique, dans ses ressemblances et différences avec toutes les autres matières ; nous avons vu que par rapport à la construction logique de la doctrine, le calorique joue le même rôle qu'un corps simple important quelconque : il est « gazéifiant » comme l'oxygène est « acidifiant » ; nous avons vu aussi que la calorimétrie est tout autre chose que la mesure à la balance d'une quantité de matière et qu'à cet égard le calorique n'a aucune analogie avec les autres corps simples ; enfin c'est le calorique qui nous a forcé à pénétrer dans la *représentation* imagée du monde que la notation Condillacienne aurait voulu éviter mais qui a une importance dans la description du système de Lavoisier ; là, nous sommes embarrassé car le calorique pourra être fluide, force mécanique ou force répulsive.

Nous pourrions demander encore comment ces concepts réagirent les uns sur les autres et quelle fut l'influence de chacun d'eux dans la formation d'une science dont la clarté apparente masqua pour un temps les disparates, qui une fois dévoilés devinrent plus tard source de progrès. À cette dernière question nous ne ferons aucune réponse ; c'est en étudiant les problèmes du calorique, des gaz, et de la combustion que Lavoisier révolutionna la chimie ; mais là au contact de l'expérience et de la théorie, dans cette zone intermédiaire où l'on rencontre chaleur, lumière, matière fluide ou discontinue, et où la pensée en acte s'exerce constamment, lors de tout véritable progrès renouvelant la doctrine scientifique, notre pénétration psychologique est forcément en défaut ; l'âme du chercheur reste opaque, même si ses découvertes illuminent soudain l'entendement. Toutefois, si nous n'osons aborder le problème de l'invention doctrinale, nous croyons qu'il serait peut-être fécond de l'examiner sous la forme un peu nouvelle que l'étude de la philosophie de la matière chez Lavoisier lui a donnée, et nous le signalons à l'attention du philosophe.

APPENDICE SUR LA DESTRUCTION DU PHLOGISTIQUE ET LA THÉORIE DE LA COMBUSTION

À la lumière des résultats acquis, jetons encore un regard sur les phases psychologiques ou logiques de la pensée de Lavoisier lors de la révolution chimique ; rappelons d'abord que le phlogistique que Lavoisier a combattu n'était rien d'autre qu'un élément porteur de la combustibilité, s'échappant d'ailleurs des corps brûlants qui deviennent dès qu'ils en sont privés, incombustibles[41].

Lorsque Lavoisier mit enfin hors de doute, que les corps qui tous émettent de la chaleur en brûlant, qui tous augmentent de poids en brûlant, doivent tous enfin cet accroissement de substance au principe oxygène contenu dans le gaz oxygène, il lui fut désormais impossible de continuer à croire que les combustibles renferment obligatoirement en leur composition un même élément porteur de la combustibilité ; ces corps ont bien en commun certaines propriétés, ainsi que des affinités les unes pour les autres qui résultent de leur commune affinité pour l'oxygène[42] ; mais ce principe de la combustibilité (ou si l'on veut ce phlogistique débaptisé) fut transporté du corps combustible au corps comburant et devint partie intégrante du gaz oxygène[43].

Lors de toute combustion, le gaz oxygène est décomposé ; le principe oxygène que nous ne connaissons pas à l'état libre se fixe sur le corps combustible et le transforme en corps brûlé ; la chaleur se dissipe dans l'atmosphère et fait monter les thermomètres. Ainsi la matière de la chaleur ou calorique de la nouvelle terminologie, s'identifie à la fois avec le *feu* de Boerhaave et le *phlogistique* de Stahl qu'elle modifie singulièrement. Car cet étrange élément, ce fluide étendu et sans pesanteur, doué d'affinités chimiques d'une part et capable d'autre part de s'insinuer entre les pores des matières ordinaires dont il écarte les molécules, a une réalité substantielle et grammaticale, ce qui dans la langue bien faite de Condillac est tout un[44].

Nous ne pouvons donc pas souscrire au jugement de Berthelot[45], qui a affirmé que le ferme esprit de Lavoisier a cédé à je ne sais quel romanesque, inconsistant et sans valeur scientifique, lorsqu'il a attribué au calorique une corporéité de réactif chimique ; nous reconnaissons pourtant que ce calorique porteur de qualités peut apparaître comme une survivance d'un passé périmé, éliminé d'ailleurs plus tard de la chimie par la théorie mécanique de la chaleur[46] ; nous reconnaissons encore que l'existence même de fluides impondérables semble bien être un illogisme ou une disparate chez le savant qui a apporté à l'humanité la conscience claire de la vertu mathématique de la balance ;

nous osons cependant assurer comme cela ressort de notre travail que ce fluide calorique sous son double aspect de principe gazéifiant et de cause de la chaleur fut le principal instrument doctrinal dont Lavoisier fit usage quand il renouvela d'une manière si féconde la théorie chimique.

Si cette vérité a échappé à des chimistes, des historiens ou des philosophes de grande valeur, cela tient à ce que la pensée contemplative que ces savants ont seule utilisée dans ces sortes de recherches veut jouir tout de suite d'une harmonie logique totale, ou d'une beauté artistique parfaite et ignore même l'existence de la zone intermédiaire où la science est effectivement construite, et où la pensée aux prises avec l'expérience essaye de se frayer une voie nouvelle. La clarté à laquelle la science aspire n'est pas donnée et ne saurait être gracieusement offerte par la nature ; malgré l'opinion simpliste, spontanée et instinctive des vulgarisateurs superficiels qui croient et font croire au public que les théories contemporaines résultent directement d'un bon sens enfin retrouvé et passablement paresseux, cette clarté est conquise par un travail intense, prolongé et dont il est impossible de déterminer d'avance s'il sera fructueux ; mais cette clarté qui illumine des terrains autrefois plongés dans l'obscurité n'est jamais totale ; elle laisse certains îlots d'ombres épaisses que les chercheurs s'emploieront à amener en pleine lumière ; ainsi la destruction du phlogistique a-t-elle été pour Lavoisier un but et pour ses successeurs un point de départ. N'insistons pas. Nous prions le lecteur de ne pas considérer nos conclusions comme des dogmes désormais assurés ; nous lui demanderons plutôt de les soumettre à l'épreuve d'une critique sévère, de s'y opposer de toutes ses forces pour en découvrir les points faibles et d'en éprouver la solidité, avant de se risquer à en tirer telles conséquences qui lui sembleront justifiées.

BIBLIOGRAPHIE

Nous ne pouvons songer à donner, à la fin de ce court opuscule, une bibliographie complète des écrits consacrés entièrement ou partiellement à la philosophie chimique de Lavoisier. Nous ne rappellerons que pour mémoire les travaux anciens et qui devraient être universellement connus de BERTHELOT, CHEVREUL, GRIMAUX, ou KOPP, et nous nous contenterons d'attirer l'attention du lecteur sur les ouvrages suivants parus plus récemment.

JORGENSEN. — *Die Entdeckung des Sauerstoffes*. Stuttgart, 1909.

KAHLBAUM. — *Die Einführung der Lavoisierschen Theorie im besonderen in Deutschland*. Leipzig, 1897.

MELDRUM. — *The eightenth century revolution in science. The first phase*. Bombay, 1930.

(L'œuvre de M. MELDRUM a été hélas ! interrompue par une mort prématurée, de sorte que nous serons privés de la suite des travaux sur Lavoisier que l'auteur espérait pouvoir rédiger prochainement.)

METZGER. — *Introduction à l'étude du rôle de Lavoisier dans l'histoire de la chimie.* (*Archeion* XIV, 1932, p. 31).

MEYERSON. — *La résistance à la théorie de Lavoisier.* Appendice II du grand ouvrage *De l'explication dans les sciences.* Paris 1922.

(L'auteur qui vient d'être enlevé à la science et à la philosophie après une longue et douloureuse maladie, a malheureusement dissimulé cette importante étude à la fin d'un ouvrage où les historiens des sciences n'ont aucune raison de la chercher. Nous tenons tout spécialement à la leur signaler).

MIELI. — *Le rôle de Lavoisier dans l'histoire des sciences.* (*Archeion* XIV, 1932 p. 51). — *Lavoisier profili*, n° 42, 2ᵉ édition. Rome 1926.

SPETER. — *Lavoisier und seine Vorläufer.* Stuttgart, 1910.

. . . .

Nous avons cité le *Traité élémentaire de Chimie* d'après la deuxième édition de ce livre (1791).

TABLE DES MATIÈRES

1. ↥ Remarquons que si la pensée active se meut spontanément et progresse dans la « zone intermédiaire » où se heurtent constamment concepts indéterminés, hypothèses en formation, doctrines encore fluides, interprétations d'expériences et projets d'expérience, la pensée contemplative qui désire la jouissance de la perfection, de la logique impeccable, comme de l'harmonie esthétique ne saurait être satisfaite ; elle critique les points faibles des nouvelles constructions ; et certes elle est punie de son pédantisme par une sorte de stérilité ; elle ne crée rien et elle est mécontente de tout. Cependant les incohérences et les illogismes qu'elle a judicieusement dénoncés étaient des tares véritables ; pour les faire disparaître la pensée active se met à l'œuvre, modifiant l'orientation de ses recherches et provoquant de nouveaux progrès ; c'est ce qui s'est produit avec Lavoisier ; c'est également ce qui s'est produit après

Lavoisier ; nous n'avons pas à signaler ici comment toutes les disparates qu'un examen approfondi révèle dans l'œuvre de Lavoisier ont été à leur tour sources de recherches et de perfectionnements ; contentons-nous de ce court aperçu sur les conditions spirituelles du développement des doctrines scientifiques (voir p. 43).

2. ↥ Nous allons mettre sous les yeux du lecteur la page si souvent citée dans laquelle Lavoisier a exprimé son idéal et dont la plupart des historiens de la chimie ont déduit sans autre examen sa philosophie de la matière.

« Tout ce qu'on peut dire sur le nombre et sur la nature des éléments se borne suivant moi à des discussions purement métaphysiques, ce sont des problèmes indéterminés qu'on se propose de résoudre, qui sont susceptibles d'une infinité de solutions, mais dont il est très probable qu'aucune en particulier n'est d'accord avec la nature. Je me contenterai donc de dire que si par le nom d'éléments nous entendons désigner les molécules qui composent les corps, il est probable que nous ne les connaissons pas : que si au contraire nous attachons au nom d'éléments ou de principes des corps l'idée du dernier terme auquel parvient l'analyse, toutes les substances que nous n'avons encore pu décomposer par aucun moyen sont pour nous des éléments ; non pas que nous puissions assurer que ces corps que nous regardons comme simples, ne soient pas eux-mêmes composés de deux ou même d'un plus grand nombre de principes, mais puisque ces principes ne se séparent jamais, ou plutôt puisque nous n'avons aucun moyen de les séparer, ils agissent à notre égard à la manière de corps simples, et nous ne devons les supposer composés qu'au moment ou l'expérience et l'observation nous en auront fourni la preuve ». Discours préliminaire, t. I, p. 17.

3. ↥ Vol. 1, p. 193 et 194.

4. ↥ Nous avertissons là qu'il faut prendre garde de ne pas confondre la métaphysique du philosophe qui veut être un corps de doctrine dont il est loisible d'admirer l'architecture avec la pensée contemplative qui est une attitude de l'âme.

5. ↥ DUHEM : *Les mixtes et la composition chimique*, Paris 1902, in-8.

6. ↥ De là une distinction entre les principes *élémentaires ou principiants* voulus par la théorie et les principes *prochains ou principiés* atteints par l'analyse chimique.

7. ↥ (1) Voir : *Les doctrines chimiques*, p. 259.

8. ↥ *La chimie des dames*, 1787, introduction.

9. ↥ *Newton, Stahl, Boerhaave*, p. 300.

10. ↑ *Newton, Stahl, Boerhaave*, p. 203.

11. ↑ Vol. 1, *Discours préliminaire*, p. 21.

12. ↑ Vol. I, p. 69.

13. ↑ Vol. I, p. 70.

14. ↑ Vol. I, p. 71.

15. ↑ Vol. 1, p. 72.

16. ↑ Vol. I, p. 76.

17. ↑ Voir BRUNSCHVICG. *Les âges de l'intelligence.*

18. ↑ *Hypochlorites*

19. ↑ Vol. I, p. 257.

20. ↑ Vol. I, p. 84 à 85.

21. ↑ Vol. I, p. 164.

22. ↑ Vol. I, p. 170.

23. ↑ Vol. I, p. 180.

24. ↑ Voir *Newton, Stahl, Boerhaave.*

25. ↑ Nous avons déjà rencontré des problèmes de cet ordre en étudiant l'analogie agissante dans *Les concepts scientifiques.*

26. ↑ Vol. I, p. 17.

27. ↑ BUCQUET. *Mémoire sur la manière dont les animaux sont affectés par différents fluides aériformes méphitiques ; et sur les moyens de remédier aux effets de ces fluides, précédé d'une histoire abrégée des différents fluides aériformes ou gaz.* Paris, 1777, in-12, p. 8.

28. ↑ Vol. I, pp. 200-201.

29. ↑ Vol. I, p. 213.

30. ↑ Vol. I, p. 217.

31. ↑ Vol. I, p. 96.

32. ↑ On peut lire sur ce point un grand nombre de mémoires insérés dans les œuvres complètes.

33. ↑ Vol. I, p. 21.

34. ↑ Pour ne pas compliquer notre exposé, nous ne parlerons pas ici de l'état liquide qui résulte suivant Lavoisier de la puissance de la pression atmosphérique s'opposant violemment à la vaporisation instantanée du solide. Sans cet obstacle, les corps « passeraient brusquement de l'état de solide à celui de fluide élastique aériforme. Ainsi l'eau par exemple à l'instant même où elle cesse d'être glace commencerait à bouillir », vol. I, p.7. « Il y a plus, sans la pression de l'atmosphère, nous n'aurions pas à proprement parler de fluides aériformes. En effet, au moment où la force de l'attraction serait vaincue par la force répulsive du calorique, les molécules s'éloigneraient indéfiniment, sans que rien limitât leur écartement si ce n'est leur propre pesanteur qui les rassemblerait pour former une atmosphère. (p. 8) ».

35. ⌊ Voir *Newton, Stahl, Boerhaave.*
36. ⌊ Voir plus haut, p. 12.
37. ⌊ Vol. I, p. 3.
38. ⌊ Vol. I, p. 4.
39. ⌊ Vol. I, p. 202.
40. ⌊ Voir *Newton, Stahl, Boerhaave*, chap. I.
41. ⌊ Nous n'insistons ici ni sur la doctrine originelle de Stahl, ni sur toutes les opinions émises par les contemporains de Lavoisier. Signalons qu'en 1782, Watson donna un excellent exposé de l'hypothèse du phlogistique telle que Lavoisier la combattit dans ses *chemical essays.* (Vol. I, p. 167).
42. ⌊ « Les substances combustibles étant en général celles qui ont une grande appétence pour l'oxygène, il en résulte qu'elles doivent avoir de l'affinité entre elles, qu'elles doivent tendre à se combiner les unes avec les autres…, et c'est ce qu'on voit en effet ». (Vol. I, p. 116).
43. ⌊ Bien que nous nous soyons fait une loi de ne pas citer les différents mémoires de Lavoisier où l'on pourrait suivre la formation historique de sa doctrine nous ne pouvons résister au plaisir de mettre sous les yeux des lecteurs un passage des *opuscules physiques et chimiques* parus en 1773, passage sur lequel M. Pierre Brauman a bien voulu attirer notre attention, car la marche de sa pensée s'y dessine en pleine lumière. « S'il était permis de se livrer aux conjectures, je dirais que quelques expériences, qui ne sont pas assez complètes pour pouvoir être soumises aux yeux du public, me portent à croire que tout fluide élastique résulte de la combinaison d'un corps quelconque, solide ou fluide, avec un principe inflammable, ou peut-être même avec la matière du feu pur, et que c'est de cette combinaison que dépend l'état d'élasticité ; j'ajouterais que la substance fixée dans les chaux métalliques et qui en augmente le poids, ne serait pas à proprement parler, dans cette hypothèse, un fluide élastique, mais la partie fixe d'un fluide élastique qui a été dépouillé de son principe inflammable. Le charbon alors, ainsi que toutes les substances charbonneuses employées dans les réductions, aurait pour principal objet de rendre au fluide élastique fixé par le phlogistique, la matière du feu, et de lui restituer en même temps l'élasticité qui en dépend ».

Ce sentiment, quelque éloigné qu'il paraisse de celui de M. Stahl, n'est peut-être pas incompatible avec lui ; il est possible que l'addition du charbon dans les réductions métalliques remplisse en même temps deux objets : 1° celui de rendre au métal le principe inflammable qu'il a perdu ; 2° celui de rendre au fluide élastique fixé dans la chaux métallique, le principe, qui constitue son élasticité…

44. ↥ Cette étude était déjà rédigée lorsque nous avons lu le livre de M. Gregory. *Combustion from Heracleites to Lavoisier*, Londres 1934. M. Gregory pense comme nous que le calorique se substitua au feu de Boerhaave et au phlogistique de Stahl.

45. ↥ Berthelot écrit en effet dans son célèbre ouvrage : *La Révolution chimique Lavoisier*, p. 97 : « Le ferme esprit de Lavoisier lui même n'est pas exempt d'un côté romanesque quand il cherche à trop approfondir ces questions… Il s'attache d'une façon absolue à la matérialité de la chaleur envisagée comme un élément constituant des gaz… La notion si claire et si précise de gaz pesants et coercibles finissait par se dissoudre en quelque sorte, en une série d'intermédiaires hypothétiques, qui se confondaient peu à peu avec la notion extrême et plus obscure des fluides impondérables ».

46. ↥ Si le principe gazéifiant est une survivance scolastique, que dire du principe acidifiant ? Voir : *Les concepts scientifiques*.